水利水电建筑工程专业资源库技能竞赛虚拟训练手册

土工检测

总主编　陈送财
主　编　孔定娥
副主编　贺俊征
主　审　赵殿信

中国水利水电出版社
www.waterpub.com.cn
·北京·

内 容 提 要

本手册是教育部批准立项的国家级建设项目——水利水电建筑工程专业资源库建设项目之技能竞赛虚拟训练平台建设项目系列手册之一。土工检测技能竞赛虚拟训练平台项目是技能竞赛虚拟训练平台建设项目的二级子项目，为更好地配合技能竞赛虚拟训练平台的使用，特编写出版本手册。本手册内容包括土工检测理论试题库（土的成因及分类，土的三相组成及颗粒级配，土的物理性质指标，土的物理状态指标及应用，土的工程性质及应用，土工试验的土样状态、误差及实验室数据修约）和土工检测理论试题答案解析，土工检测实操题库（密度试验，含水率试验，颗粒分析试验，界限含水率试验，击实试验，固结试验，直接剪切试验，变水头渗透试验，砂的相对密度试验，三轴压缩试验）和土工检测实操题库解析四大篇，编写依据规范有《建筑地基基础设计规范》（GB 50007—2011）、《公路土工试验规程》（JTG 3430—2020）等。

本手册可作为高职高专土建类专业及相关专业实训教材，也可为从事建筑工程相关技术人员提供参考。

图书在版编目（CIP）数据

土工检测 / 孔定娥主编. -- 北京 : 中国水利水电
出版社，2017.7（2024.1重印）
　　（水利水电建筑工程专业资源库技能竞赛虚拟训练手
册 / 陈送财主编）
　　ISBN 978-7-5170-5568-6

Ⅰ. ①土… Ⅱ. ①孔… Ⅲ. ①土工试验 Ⅳ.
①TU41

中国版本图书馆CIP数据核字(2017)第139252号

书　　名	水利水电建筑工程专业资源库技能竞赛虚拟训练手册 **土工检测** TUGONG JIANCE	
作　　者	总主编　陈送财　主编　孔定娥　副主编　贺俊征　主审　赵殿信	
出版发行	中国水利水电出版社 （北京市海淀区玉渊潭南路 1 号 D 座　100038） 网址：www.waterpub.com.cn E-mail：sales@mwr.gov.cn 电话：(010) 68545888（营销中心）	
经　　售	北京科水图书销售有限公司 电话：(010) 68545874、63202643 全国各地新华书店和相关出版物销售网点	
排　　版	中国水利水电出版社微机排版中心	
印　　刷	天津嘉恒印务有限公司	
规　　格	184mm×260mm　16 开本　13.5 印张　320 千字	
版　　次	2017 年 7 月第 1 版　2024 年 1 月修订　2024 年 1 月第 2 次印刷	
印　　数	1501—2500 册	
定　　价	**45.00 元**	

序

    "水利水电工程建筑专业资源库建设项目"是 2013 年经教育部批准立项的国家级建设项目，技能竞赛虚拟训练平台是其子项目之一，本子项目包括 5 个二级子项目，分别是：水利工程施工图预算编制技能竞赛虚拟训练平台项目、水工 CAD 技能竞赛虚拟训练平台项目、水利工程测量技能竞赛虚拟训练平台项目、水环境监测技能竞赛虚拟训练平台项目、土工检测技能竞赛虚拟训练平台项目。为更好地配合技能竞赛虚拟训练平台的使用，特出版水利水电建筑工程专业资源库技能竞赛虚拟训练手册系列，包括《水利工程施工图预算编制》《水工 CAD》《水利工程测量》《水环境监测》《土工检测》。

    本系列手册由安徽水利水电职业技术学院陈送财任总主编，《水利工程施工图预算编制》分册由安徽水利水电职业技术学院何俊任主编，黄河水利职业技术学院王飞寒和杨凌职业技术学院赵旭升任副主编；《水工 CAD》分册由安徽水利水电职业技术学院王其恒任主编，黄河水利职业技术学院关莉莉任副主编；《水利工程测量》分册由安徽水利水电职业技术学院杨李任主编，福建水利水电职业技术学院魏垂场任副主编；《水环境监测》分册由安徽水利水电职业技术学院蒯圣龙任主编，杨凌职业技术学院陈亚萍任副主编；《土工检测》分册由安徽水利水电职业技术学院孔定娥任主编，山东水利职业学院贺俊征任副主编。

    技能竞赛虚拟训练平台将根据形势的发展不断改进和完善。由于编者的水平有限和时间仓促，书中难免存在疏漏和不妥之处，希望读者批评指正。

编者

2016 年 9 月

修 订 说 明

　　教材事关国家和民族的前途命运，教材建设必须坚持正确的政治方向和价值导向。本书坚持党的二十大精神，全面贯彻党的教育方针，落实立德树人根本任务，为党育人，为国育才，弘扬劳动光荣、技能宝贵、创造伟大的时代风尚。

　　随着科技的进步和社会的发展，土工检测技术在工程建设领域中扮演着越来越重要的角色。为了满足广大读者的需求，遵循试验规程和标准的更新，我们对《土工检测》技能竞赛虚拟训练手册进行了全面的修订和扩充。

　　本次修订，对原书进行了全面的梳理和升级。在保留原书核心内容的基础上，新增了原位密度试验、土粒比重试验，同时也对原有章节进行了修订和完善。编写参考规程和标准分别由原有《土工试验规程》（SL 237—1999）更新为《公路土工试验规程》（JTG 3430—2020），原有《土工试验方法标准》（GB/T 50123—1999）更新为《土工试验方法标准》（GB/T 50123—2019）。与上一印次相比，本印次更加注重实践性和可操作性，实操部分已录制相关教学视频，帮助读者更好地理解和掌握土工检测技术。此外，我们还增加了许多实用的附录和参考文献，方便读者查阅和参考。

　　我们希望通过此次修订，能够为广大读者提供更加全面、系统和实用的土工检测技术指导。同时，我们也期待读者在使用过程中能够提出宝贵的意见和建议，以便我们不断改进和完善本书。

　　感谢您选择《土工检测》技能竞赛虚拟训练手册，希望本书能够成为您在工程建设领域中的得力助手。

　　本书修订由安徽水利水电职业技术学院孔定娥任主编，日照市建设工程质量检测站有限公司贺俊征任副主编，安徽水利水电职业技术学院王凤娇、丁友斌参与编写。

　　本书由水利部淮委水利科学研究院赵殿信主审。

　　限于编者水平，书中缺陷之处在所难免，敬请读者批评指正。

编者

2024 年 1 月

前　言

2013 年经教育部批准立项的国家级建设项目"水利水电工程建筑专业资源库建设项目",技能竞赛虚拟训练平台是其子项目之一,土工检测技能竞赛虚拟训练平台为该项目的二级子项目。为更好地配合土工检测技能竞赛虚拟训练平台的使用,特出版本训练手册。

本训练手册按照土工检测技能竞赛的理论知识考核和实操考核分为两部分,每部分又分为题库和题库解析两块,由此形成本书的四篇内容。

本训练手册以巩固土力学与地基基础课程理论知识、培养土工检测技能为根本任务,突出知识的适用性和技能的操作性。本手册内容涉及土的成因、分类、物理性质、力学性质以及土工检测试验,题库题型包括判断、单项选择、多项选择和实操题。本手册可供高职高专建筑工程、市政工程、水利工程类学生学习使用,也可供土建类专业技术人员参考使用。本手册根据《土工试验规程》(SL 237—1999)编写,可与全国水利水电专业资源库中的技能竞赛虚拟训练平台配套使用。

本训练手册由安徽水利水电职业技术学院孔定娥任主编,山东水利职业学院贺俊征任副主编。参编有安徽水利水电职业技术学院丁友斌、胡慨,山东水利职业学院王延恩、宋祥红,长江工程职业技术学院何向红,浙江水利水电学院周建芬,浙江同济科技职业学院刘述丽,广西水利电力职业学院王宝红,湖北水利水电职业技术学院余丹丹,日照岩土工程勘察院张子军,手册由陈送财、孔定娥统稿,水利部淮河水利委员会水利科学研究院赵殿信主审。

由于编者水平有限,手册中缺漏之处在所难免,敬请读者批评指正。

编者

2016 年 9 月

目　　录

第四篇 土工检测实操题库解析

第一篇　土工检测理论试题库

第一部分　土的成因及分类

知识点：

本部分要求掌握土的生成与成因类型、各种不同成因土的类型的特征、土的结构和土的构造，了解并能够应用《公路土工试验规程》（JTG 3430—2020）对土进行分类。

（一）判断题

1. 土是由岩石经风化、剥蚀、搬运、沉积，形成的一种松散堆积物。（　　）

2. 由于沉积年代不同、地质作用不同以及岩石成分不同，使各种沉积土的工程性质差异较大。（　　）

3. 风化作用是最普遍的一种地质作用，在地球上随时都在发生。（　　）

4. 物理风化作用使岩石产生机械破碎，化学成分也发生变化。（　　）

5. 物理风化作用在昼夜温差大的地方较为强烈。（　　）

6. 化学风化作用没有改变岩石的化学成分。（　　）

7. 氧化作用是地表的一种普遍的自然现象，是物理风化作用的主要方式之一。（　　）

8. 溶解作用的结果，使岩石中的易溶物质被逐渐溶解而随水流失，难溶物质则残留于原地。（　　）

9. 硬石膏变成石膏的过程是化学风化作用的结果。（　　）

10. 正长石通过物理风化作用变成了高岭石。（　　）

11. 水解作用是水中的 H^+、OH^- 离子与岩石中的矿物发生化学反应形成新的矿物的作用。（　　）

12. 岩石在动植物及微生物影响下发生的破坏作用，称为生物风化作用。（　　）

13. 生物风化作用只有生物物理风化作用。（　　）

14. 在外界条件的影响下，岩石与水溶液和气体发生化学反应，改变了岩石化学成分，形成新的矿物的作用称为化学风化作用。（　　）

15. 生物化学风化作用是通过生物的新陈代谢和生物死亡后的遗体腐烂分解来进行的。（　　）

16. 土的物质成分和颗粒大小等都相近的各部分之间的相互关系的特征称为土的构造。（　　）

17. 土的结构是指土粒大小、形状、表面特征、相互排列及其连接关系。（　　）

18. 土的结构和构造是一样的。（　　）

19. 砂土的结构是蜂窝结构。（　　）

20. 卵石具有单粒结构。（　　）

21. 层状构造不是土体主要的构造形式。（　　）

22. 残积土不是岩石风化的产物。（　　）

23. 黄土在干燥状态下，有较高的强度和较小的压缩性，但在遇水后，土的结构迅速破坏发生显著的沉降，产生严重湿陷，此性质称为黄土的湿陷性。（　　）

24. 黄土都具有湿陷性。（　　）

25. 岩石经风化作用而残留在原地未经搬运的碎屑堆积物为坡积土。（　　）

26. 残积土一般不具层理，其成分与母岩有关。（　　）

27. 岩石是热的不良导体，在温度的变化下，表层与内部受热不均，产生膨胀与收缩，长期作用结果使岩石发生崩解破碎。（　　）

28. 由暂时性洪流将山区或高地的大量风化碎屑物携带至沟口或平缓地带堆积而成的土为坡积土。（　　）

29. 由长期的地表水搬运，在河流阶地和三角洲地带堆积而成的土为洪积土。（　　）

30. 在静水或缓慢的流水环境中沉积，并伴有生物、化学作用而成的为冲积土。（　　）

31. 根据土中未完全分解的动植物残骸判定是老沉积土还是新近沉积土。（　　）

32. 岩石风化碎屑由雨水或雪水沿斜坡搬运，堆积在斜坡上或坡脚处的为冲积土。（　　）

33. 粗粒类土中砾粒组质量小于或等于总质量50%的土称为砂类土。（　　）

34. 根据《公路土工试验规程》（JTG 3430—2020）将细粒类土根据塑性指数 I_P 和液限 ω_L 划分为细粒土和高、低液限黏土。（　　）

35. 黄土是一种以灰黄色、棕黄色的粉粒为主的风积物，具有垂直节理，均匀无层理，部分具有湿陷性。（　　）

36. 河漫滩冲积土常为上下两层结构，下层为粗颗粒土，上层为洪水泛滥时的细粒土。（　　）

37. 湖边沉积土和湖心沉积土成分上没有区别。（　　）

38. 黄土主要分布在我国的黄土高原地区。（　　）

39. 黄河中的泥沙主要来源是黄土。（　　）

40. 含细粒土砾和细粒土质砾没有区别。（　　）

41. 《公路土工试验规程》（JTG 3430—2020）中的砂类土的分类只依据细粒含量划分。（　　）

42. 试样中细粒组质量大于或等于总质量的50%的土称细粒类土。（　　）

43. 试样中粗粒组质量小于总质量50%的土称粗粒类土。（　　）

44. 高液限黏土是粗粒土的名称。（　　）

45. 低液限粉土是细粒土的名称。（　　）

46. 软弱土天然含水率高、孔隙比大，主要是由黏粒和粉粒组成。（　　）

47. 软弱土地基变形大、强度低，对建筑物危害较小。（　　）

48. 膨胀土是土中黏粒成分主要由亲水性矿物组成，具有显著的吸水膨胀和失水收缩两种变形特性的黏性土。（　　）

49. 一个土样做自由膨胀率试验，加水前土样的体积为10mL，加水膨胀稳定后体积为16mL，那么它的自由膨胀率为60%。（　　）

50. 一个土样做自由膨胀率试验，加水前土样的体积为10mL，加水膨胀稳定后体积为

18mL，那么它的自由膨胀率为80％。（　　）

51. 我国华北、东北与西北大部分地区没有季节性冻土分布。（　　）

52. 多年冻土指冻结五年或五年以上的冻土，当温度条件改变时，其物理力学性质随之改变，并产生冻胀、融陷现象。（　　）

53. 温度变化对岩石的影响主要是岩石的涨缩产生机械破碎。（　　）

54. 岩石裂隙中的水在冻结时不会使裂隙发生变化。（　　）

55. 在岩石中隧洞开挖时岩石产生的裂缝，属于机械破碎。（　　）

56. 植物根系在岩石裂隙中生长，不断地撑裂岩石，可以引起岩石的破碎。（　　）

57. 穴居动物的挖掘可以使岩石产生机械破碎。（　　）

58. 植物和细菌在新陈代谢过程中分泌的有机酸不能腐蚀岩石。（　　）

59. 岩石只是经过破碎、剥蚀、搬运、沉积过程后形成的土颗粒的矿物成分与母岩相同。（　　）

60. 沉积环境的不同，造成各类土的颗粒大小、形状、矿物成分差别很大。（　　）

61. 残积土是未经搬运残留在原地的原岩风化剥蚀后的产物。（　　）

62. 坡积十在坡脚处较厚，在斜坡较陡的地段较薄。（　　）

63. 洪积土是指被山洪急流冲刷到山谷冲沟出口或山前倾斜平原的堆积物。（　　）

64. 平原河谷冲积土表面形状较为圆滑，颗粒粒径由河流上游向下游逐渐减小。（　　）

65. 土的矿物成分取决于成土母岩的成分以及所经受的风化作用。（　　）

66. 蜂窝结构的土体有较大孔隙，以黏粒为主。（　　）

（二）单项选择题

1. 某种土体呈青黑色、有臭味，手触有弹性和海绵感，此种土可划分为（　　）。
　　A. 老黏土　　　　　B. 有机质土　　　　C. 砂土　　　　　D. 无机土

2. 河流上游中河床冲积物的特征（　　）。
　　A. 不确定　　　　　B. 以淤泥为主　　　C. 以黏性土为主　　D. 颗粒较粗

3. 试样中巨粒组质量大于总质量50％的土称为（　　）。
　　A. 巨粒类土　　　　B. 粗粒类土　　　　C. 细粒类土　　　　D. 粉土

4. 自然状态下红黏土常处于（　　）状态。
　　A. 坚硬至硬塑　　　B. 可塑至软塑　　　C. 软塑至流塑　　　D. 无法确定

5. 试样中巨粒组质量为总质量的15％～50％的土可称为（　　）。
　　A. 巨粒混合土　　　B. 粗粒混合土　　　C. 细粒混合土　　　D. 粉土

6. 试样中巨粒组质量小于总质量的50％，而粗粒组质量大于总质量50％的土称为（　　）。
　　A. 巨粒类土　　　　B. 粗粒类土　　　　C. 细粒类土　　　　D. 粉土

7. 粗粒类土中砾粒组质量大于总质量50％的土称为（　　）。
　　A. 巨粒类土　　　　B. 粗粒类土　　　　C. 细粒类土　　　　D. 砾类土

8. 岩石经风化作用而残留在原地未经搬运的碎屑堆积物为（　　）。
　　A. 冲积土　　　　　B. 洪积土　　　　　C. 坡积土　　　　　D. 残积土

9. 粗粒类土中砾粒组质量小于或等于总质量50％的土称为（　　）。
　　A. 巨粒类土　　　　B. 粗粒类土　　　　C. 细粒类土　　　　D. 砂类土

10. 对无机土，当土样中巨粒组（$d>60mm$）质量大于总质量的50％时，该土称为（　　）。
    A. 含巨粒土　　　　B. 巨粒类土　　　　C. 粗粒类土　　　　D. 细粒类土

11. 细粒土的分类根据塑性图分类。则在塑性图上 A 线上侧、B 线右侧区域的有机质土代号为（　　）。
    A. CH　　　　　　B. CHO　　　　　　C. MHO　　　　　　D. ML

12. 塑性图中 B 线方程为（　　）。
    A. $I_P=0.73（\omega_L-20）$　　　　　　B. $\omega_L=50\%$
    C. $I_P>0.73（\omega_L-20）$　　　　　　D. $\omega_L<50\%$

13. 下面哪个是软土的性质（　　）。
    A. 抗剪强度高　　　B. 触变性　　　　C. 压缩性较低　　　D. 孔隙比较小

14. 岩石风化碎屑由雨水或雪水沿斜坡搬运，堆积在斜坡上或坡脚处的为（　　）。
    A. 冲积土　　　　　B. 洪积土　　　　C. 坡积土　　　　D. 淤泥质土

15. 由暂时性洪流将山区或高地的大量风化碎屑物携带至沟口或平缓地带堆积而成的土为（　　）。
    A. 冻土　　　　　　B. 洪积土　　　　C. 坡积土　　　　D. 残积土

16. 在干旱气候条件下，碎屑物被风吹扬，降落堆积而成的土为（　　）。
    A. 红黏土　　　　　B. 洪积土　　　　C. 淤泥　　　　　D. 风积土

17. 由黏粒组成的结构为（　　）。
    A. 层状　　　　　　B. 絮状　　　　　C. 蜂窝状　　　　D. 无法确定

18. 碳酸钙在水的作用下变成重碳酸钙的过程为（　　）。
    A. 碳酸化作用　　　B. 水解作用　　　C. 氧化作用　　　D. 水化作用

19. 河漫滩沉积土常具有的结构特征为（　　）。
    A. 上下两层结构（二元结构）　　　　　B. 坡积土
    C. 岩石的结构　　　　　　　　　　　D. 水解作用

20. 砂土具有的结构是（　　）。
    A. 单粒结构　　　　B. 蜂窝结构　　　C. 絮状构造　　　D. 无法确定

21. 地表或接近地表的岩石，在大气、水和生物活动等因素的影响下，使岩石的结构、构造、化学成分发生改变的作用称为（　　）。
    A. 沉积作用　　　　B. 重力作用　　　C. 流水作用　　　D. 风化作用

22. 有机质是在土的形成过程中经过（　　）生成的物质。
    A. 物理风化作用　　B. 化学风化作用　　C. 生物风化作用　　D. 水溶液蒸发后沉淀

23. 松砂是疏松排列的单粒结构，由于（　　）在荷载作用下土粒易发生移动，引起土体变形，承载力也较低。
    A. 孔隙大　　　　　B. 颗粒较大　　　C. 孔隙小　　　　D. 颗粒较小

24. 下列叙述错误的是（　　）。
    A. 砂粒间分子引力相对很小
    B. 砾石颗粒间几乎没有连接力，有时仅有微弱的毛细水连接
    C. 砾石颗粒、砂粒可以在自重作用下沉积

D. 砾石颗粒间分子引力较大

25. 下列叙述错误的是（　　）。
    A. 层状构造最主要的特征就是成层性
    B. 不同沉积阶段土粒物质成分可以不同
    C. 土粒的沉积不同阶段颗粒大小或颜色可以不同
    D. 土粒的沉积在竖向上不具有成层性

26. 天然含水率大于液限、深灰色、天然孔隙比在 1.0～1.5 之间的黏土或粉土可定名为（　　）。
    A. 淤泥　　　　　　B. 淤泥质土　　　　　C. 泥炭　　　　　　D. 泥炭质土

27. 土中黏粒成分主要由亲水性矿物组成，具有显著的吸水膨胀和失水收缩两种变形特性，该种土可定名为（　　）。
    A. 软土　　　　　　B. 红黏土　　　　　　C. 冻土　　　　　　D. 膨胀土

28. 冻土可分为季节性冻土和（　　）。
    A. 不冻土　　　　　B. 多年冻土　　　　　C. 少冰冻土　　　　D. 富冰冻土

29. 当土体浸水后沉降，其湿陷系数（　　）的土称为湿陷性黄土。
    A. 大于或等于 0.015　　　　　　　　B. 小于 0.015
    C. 大于或等于 0.010　　　　　　　　D. 小于 0.010

30. 岩石裂隙中的水结冰时对岩石产生的作用是（　　）。
    A. 沉积作用　　　　B. 重力作用　　　　　C. 流水作用　　　　D. 物理风化作用

31. 土是由（　　）经过风化作用形成的。
    A. 岩石　　　　　　B. 木材　　　　　　　C. 水　　　　　　　D. 不确定

32. 卵石具有的结构是（　　）。
    A. 单粒结构　　　　B. 蜂窝结构　　　　　C. 絮状构造　　　　D. 无法确定

33. 粒径在 0.005～0.075mm 左右的土粒在水中沉积时，当碰到已沉积的土粒时，它们之间的相互引力与其重力的关系为（　　）。
    A. 相互引力小于重力　　　　　　　　B. 相互引力大于重力
    C. 相互引力等于重力　　　　　　　　D. 难确定

34. 正长石经水解作用后，形成的 K^+ 与水中 OH^- 离子结合，形成 KOH 随水流走，析出一部分 SiO_2 呈胶体溶液随水流失，其余部分可形成难溶于水残留在原地是（　　）。
    A. 辉石　　　　　　B. 云母　　　　　　　C. 石英　　　　　　D. 高岭石

35. 按照《公路土工试验规程》（JTG 3430—2020）规定，含粗粒的细粒土，粗粒中砾粒占优势时称（　　）。
    A. 含砂粗粒土　　　B. 含砂细粒土　　　　C. 含砾细粒土　　　D. 含粗粒砂土

36. 土中漂石组的含量为 88%，按照《土工试验方法标准》（GB/T 50123—2019）划分该土的名称为（　　）。
    A. 漂石　　　　　　B. 粗粒类土　　　　　C. 细粒类土　　　　D. 砾类土

37. 土颗粒级配试验结果如下，按照《公路土工试验规程》（JTG 3430—2020）划分该土的名称为（　　）。

粒径 d/mm	$d>60$	$2<d\leq60$	$0.075<d\leq2$	$d\leq0.075$
含量/%	21.3	51.8	22.6	4.3

  A. 漂石   B. 含细粒类土砾 C. 细粒类土 D. 砾

38. 土中砂粒组的含量为65%，细粒含量8%，按照《公路土工试验规程》(JTG 3430—2020) 划分该土的名称为(　　)。

  A. 漂石   B. 粗粒类土 C. 含细粒土砂 D. 砾类土

39. 一种土样的颗粒级配试验结果如下，按照《公路土工试验规程》(JTG 3430—2020) 划分该土的名称为(　　)。

粒径 d/mm	$d>60$	$2<d\leq60$	$0.075<d\leq2$	$d\leq0.075$
含量/%	62.8	23.1	10.5	3.6

  A. 漂石   B. 混合巨粒土 C. 细粒类土 D. 砾

40. 一细粒土液限为51.5，塑限为26.7，按照《公路土工试验规程》(JTG 3430—2020) 划分该土的名称为(　　)。

  A. 高液限黏土 B. 高液限粉土 C. 低液限黏土 D. 低液限粉土

41. 一细粒土液限为31.7，塑限为23.8，并且粗粒中砂粒占优势，按照《公路土工试验规程》(JTG 3430—2020) 划分该土的名称为(　　)。

  A. 高液限黏土 B. 高液限粉土 C. 低液限黏土 D. 含砂低液限粉土

42. 一个土样做自由膨胀率试验，加水前土样的体积为10mL，加水膨胀稳定后体积为15mL，那么它的自由膨胀率为(　　)。

  A.50%   B.73%   C.72%   D.74%

(三) 多项选择题

1. 属于土的结构类型有(　　)。

  A. 层状   B. 单粒   C. 蜂窝状   D. 絮状

2. 根据《公路土工试验规程》(JTG 3430—2020) 砾类土根据粒组含量的不同可分为(　　)。

  A. 砾   B. 含细粒土砾 C. 粗粒土   D. 细粒土质砾

3. 《公路土工试验规程》(JTG 3430—2020) 细粒类土分为(　　)。

  A. 细粒土   B. 含粗粒的细粒土 C. 有机质土   D. 含巨粒土

4. 塑性图的横坐标和纵坐标分别是(　　)。

  A. 液限 ω_L B. 塑限 ω_P C. 塑性指数 I_P D. 液性指数 I_L

5. 《公路土工试验规程》(JTG 3430—2020) 砂类土根据其中细粒含量及类别、粗粒组的级配分为(　　)。

  A. 砾   B. 砂   C. 含细粒土砂 D. 细粒土质砂

6. 根据《公路土工试验规程》(JTG 3430—2020) 将细粒土根据塑性指数 I_P 和液限 ω_L 可分为(　　)。

  A. 含细粒粉土 B. 高、低液限黏土 C. 含细粒黏土 D. 高、低液限粉土

7. 冲积土的特征有(　　)。

    A. 颗粒在河流上游较粗　　　　　　B. 颗粒向下游逐渐变细

    C. 磨圆度较好　　　　　　　　　　D. 层理清楚

8. 残积土的特征有(　　)。

    A. 碎屑物自地表向地下深部逐渐变粗　　B. 成分与母岩无关

    C. 一般不具层理　　　　　　　　　　D. 碎块多呈棱角状

9. 风化作用的类型(　　)。

    A. 物理风化作用　　　　　　　　　B. 化学风化作用

    C. 生物风化作用　　　　　　　　　D. 人为风化作用

10. 可以使岩石产生物理风化作用的是(　　)。

    A. 水的冻结　　　B. 氧化作用　　　C. 可溶盐的结晶　　D. 水解作用

11. 属于化学风化作用的是(　　)。

    A. 水的冻结　　　B. 氧化作用　　　C. 碳酸化作用　　　D. 水解作用

第二部分　土的三相组成及颗粒级配

知识点：

　　本部分要求掌握土的三相组成及其各相的特点、土的颗粒级配，熟悉应用土的级配指标进行级配情况判别。

(一) 判断题

1. 通常土的三相组成包括固相、液相和气相。（　　）

2. 土中的结合水是指受土粒表面电场吸引的水，分为强结合水和弱结合水两类。（　　）

3. 土中的强结合水可以传递静水压力。（　　）

4. 土中所有类型的水均可传递静水压力。（　　）

5. 土的气相是指充填在土的孔隙中的气体，包括与大气连通和不连通的两类。（　　）

6. 为定量的描述土粒的大小及各种颗粒的相对含量，对粒径大于 0.075mm 土粒可用密度计法测定。（　　）

7. 不均匀系数 C_u 反映大小不同粒组的分布情况，即土粒大小（粒度）的均匀程度。（　　）

8. 不均匀系数 C_u 越大，表示粒度的分布范围越大，土粒越均匀，级配越良好。（　　）

9. 土的三相比例指标可分为两种，一种是试验指标，一种是换算指标。（　　）

10. 土中固体颗粒的大小、形状、矿物成分及粒径大小的搭配情况，是决定土的物理力学性质的主要因素。（　　）

11. 良好的级配指粗颗粒的孔隙恰好由中颗粒填充，中颗粒的孔隙恰好由细颗粒填充，如此逐级填充使砂形成最松散的堆积状态。（　　）

12. 土中的自由水包括毛细水和结合水。（　　）

13. 砂土的不均匀系数 C_u 的计算公式为 $\dfrac{d_{30}}{d_{10}}$。（　　）

14. 砂土的曲率系数 C_C 的计算公式为 $\dfrac{d_{60}^2}{d_{10}d_{30}}$。（　　）

15. 一土样颗粒分析的结果 $d_{10}=0.16$mm，$d_{60}=0.58$mm，它的不均匀系数 $C_u=3.63$。（　　）

16. 根据颗粒分析试验结果，在单对数坐标上绘制土的颗粒级配曲线，图中纵坐标表示小于（或大于）某粒径的土占总质量的百分数，横坐标表示土的粒径。（　　）

17. 一土样颗粒分析的结果 $d_{10}=0.19$mm，它的不均匀系数 $C_u=3.52$，$d_{60}=0.76$mm。（　　）

18. 某种砂土的不均匀系数 $C_u=5.8$，曲率系数 $C_C=2.0$，该砂土可判定为级配良好。（　　）

19. 在颗粒大小分布曲线上一种土的 d_{10} 为 0.12，d_{30} 为 0.45，d_{60} 为 0.94，此土的不均匀系数 C_u 为 3.56。（　　）

20. 在颗粒大小分布曲线上一种土的 d_{10} 为 0.12，d_{30} 为 0.45，d_{60} 为 0.94，此土的曲率系

数 C_c 为 1.80。（　　）

21. 筛分法放置标准筛时从上向下的顺序为孔径由大到小。（　　）

22. 土的级配良好，土颗粒的大小组成均匀。（　　）

23. 颗粒级配曲线平缓，表示土颗粒均匀，级配良好。（　　）

24. 土粒的大小及其组成情况，通常以土中各个粒组的相对含量来表示，称为土的颗粒级配。（　　）

25. 根据颗分试验成果绘制的颗粒级配曲线，横坐标为小于（或大于）某粒径的土质量百分数。（　　）

26. 不均匀系数反映大小不同粒组的分布情况，越大表示土粒大小的分布范围越大。（　　）

27. 单粒结构土的粒径较小，而蜂窝结构土的粒径较大。（　　）

28. 当砂、砾满足 $C_u \geq 5$ 时，则就说明土颗粒级配良好。（　　）

29. 土中水以固态水和液态水两种形态存在。（　　）

30. 单粒结构的土都可以直接作为建筑物的地基。（　　）

31. 无黏性土颗粒较细，土粒之间有黏结力，呈散粒状态。（　　）

32. 黏性土颗粒很粗，所含黏土矿物成分较多，故水对其性质影响较小。（　　）

33. 土的构造是指同一层土中成分和大小都相近的颗粒或颗粒集合体相互关系的特征。（　　）

34. 筛分法无黏性土试验开始前称量 480g，通过试验留在 2mm 筛的土为 125.1g，它所占总土质量的百分数为 26.1％。（　　）

35. 土粒越小，矿物颗粒表面越大，亲水性越强。（　　）

36. 砂土颗粒通常是物理风化作用的产物。（　　）

（二）单项选择题

1. 属于土中原生矿物的有（　　）。

 A. 三氧化二铝　　　B. 次生二氧化硅　　　C. 石英　　　　　　D. 碳酸盐

2. 土中的自由水包括毛细水和（　　）。

 A. 强结合水　　　　B. 弱结合水　　　　　C. 重力水　　　　　D. 静水

3. 下列属于土的次生矿物颗粒的有（　　）。

 A. 长石　　　　　　B. 蒙脱石　　　　　　C. 变质矿物　　　　D. 石英

4. 下列不属于黏土矿物的是（　　）。

 A. 伊利石　　　　　B. 蒙脱石　　　　　　C. 高岭石　　　　　D. 石英

5. 下列矿物吸水性最强的是（　　）。

 A. 伊利石　　　　　B. 蒙脱石　　　　　　C. 高岭石　　　　　D. 石英

6. 对黏土矿物的特点描述不正确的是（　　）。

 A. 颗粒细小、扁平　　　　　　　　　　B. 颗粒表面与水作用能力强

 C. 黏结力小，性质简单　　　　　　　　D. 表面积越大，所带电荷越多

7. 对土中有机质描述不正确的是（　　）。

 A. 成分比较单一、简单

 B. 主要是动植物残骸体、未完全分解的泥炭等腐殖质

C. 亲水性很强

D. 有机质含量大于 5% 时，称为有机土

8. 属于次生矿物的是（　　）。

    A. 伊利石　　　　　B. 石英　　　　　　C. 角闪石　　　　　D. 金刚石

9. 原生矿物是由岩石经过（　　）形成的碎屑物，其成分与母岩相同。

    A. 化学风化作用　　B. 物理风化作用　　C. 矿物　　　　　　D. 不确定

10. 次生矿物是由岩石经过（　　）形成的，其成分与母岩不相同。

    A. 化学风化作用　　B. 物理风化作用　　C. 矿物　　　　　　D. 不确定

11. 砂土中的石英、长石属于（　　）。

    A. 化学风化作用　　B. 次生矿物　　　　C. 原生矿物　　　　D. 不确定

12. 岩石在风化以及风化产物搬运沉积过程中，常有动植物残骸及其分解物质参与沉积，成为土中（　　）。

    A. 原生矿物　　　　B. 长石　　　　　　C. 有机质　　　　　D. 石英

13. 土中可以传递静水压力的是（　　）。

    A. 重力水　　　　　B. 结合水　　　　　C. 弱结合水　　　　D. 强结合水

14. 土中结合水的特点描述不正确的是（　　）。

    A. 包围在土颗粒周围　　　　　　　　B. 不传递静水压力

    C. 不能任意流动　　　　　　　　　　D. 存在于土颗粒电场以外

15. 强结合水具有的特征是（　　）。

    A. 具有溶解盐类的能力　　　　　　　B. 性质接近固体

    C. 可以传递静水压力　　　　　　　　D. 可以任意移动

16. 毛细水的上升，主要是水受到下述何种力的作用（　　）。

    A. 黏土颗粒电场引力　　　　　　　　B. 孔隙水压力差

    C. 水与空气交界面处的表面张力　　　D. 水的浮力

17. 稍湿状态的砂堆，能保持垂直陡壁达几十厘米不塌落，因为存在（　　）。

    A. 拉力　　　　　　B. 浮力　　　　　　C. 重力　　　　　　D. 毛细黏聚力

18. 黏性土孔隙中填充的水描述不正确的是（　　）。

    A. 两个土粒之间的距离小于其结合水厚度之和时可形成公共水膜

    B. 主要为自由水

    C. 公共水膜使黏性土具有黏性、可塑性

    D. 水分为结合水和自由水

19. 存在于土中增大了土的弹性和压缩性，对土的性质有较大影响的气体是（　　）。

    A. 自由气体　　　　B. 封闭气体　　　　C. 液化气　　　　　D. 不确定

20. 以下关于土的三相比例指标说法错误的是（　　）。

    A. 与土的物理性质无关

    B. 固相成分越高，其压缩性越小

    C. 地下水位的升降，导致土中液相相应变化

    D. 随着土体所处的条件的变化而改变

21. 按照《公路土工试验规程》（JTG 3430—2020）划分为巨粒组、粗粒组和细粒组三大粒组，以下说法正确的是（　　）。

    A. 粗粒组粒径界限＞60mm　　　　　　　B. 巨粒组粒径界限＞200mm

    C. 细粒组粒径界限≤0.075mm　　　　　　D. 细粒组粒径界限＜0.005mm

22. 属于细粒组的是（　　）。

    A. 黏粒　　　　　　B. 粗砂　　　　　　C. 中砂　　　　　　D. 粗砾

23. 颗粒级配可以应用于（　　）。

    A. 土的分类　　　　B. 次生矿物　　　　C. 原生矿物　　　　D. 不确定

24. 属于巨粒组的是（　　）。

    A. 黏粒　　　　　　B. 粗砂　　　　　　C. 中砂　　　　　　D. 块石

25. 土的三相中，气体含量为零则表明土体为（　　）。

    A. 非饱和状态　　　B. 密实状态　　　　C. 松散状态　　　　D. 饱和状态

26. 当土中孔隙由液态水和气体填充时称为（　　）。

    A. 湿土　　　　　　B. 干土　　　　　　C. 完全饱和土　　　D. 以上三者都是

27. 当土中孔隙由气体全部填充时称为（　　）。

    A. 湿土　　　　　　B. 干土　　　　　　C. 饱和土　　　　　D. 完全饱和土

28. 强结合水指紧靠于土粒表面的结合水，所受电场的作用力很大，丧失液体的特性而接近于（　　）。

    A. 液体　　　　　　B. 固体　　　　　　C. 气体　　　　　　D. 不确定

29. 存在于地下水位以上毛细孔隙中的水是（　　）。

    A. 强结合水　　　　B. 毛细水　　　　　C. 弱结合水　　　　D. 重力水

30. 存在于土中对土的性质影响不大，工程建设中不予考虑的气体是（　　）。

    A. 自由气体　　　　B. 封闭气体　　　　C. 液化气　　　　　D. 以上都不是

31. 为定量的描述土粒的大小及各种颗粒的相对含量，对粒径大于 0.075mm 土粒常用（　　）测定。

    A. 沉降分析法　　　B. 密度计法　　　　C. 移液管法　　　　D. 筛析法

32. 土的颗粒级配说法错误的是（　　）。

    A. 土的颗粒级配表示土中各粒组的相对含量

    B. 土的颗粒级配直接影响土的性质

    C. 土的颗粒级配试验方法常有筛分法、密度计法和移液管法

    D. 对于粒径大于 0.075mm 的粗粒组可用密度计法测定

33. 为定量的描述土粒的大小及各种颗粒的相对含量，对粒径小于 0.075mm 土粒常用（　　）。

    A. 烘干法　　　　　B. 密度计法　　　　C. 环刀法　　　　　D. 筛分法

34. 关于不均匀系数 C_u 说法错误的是（　　）。

    A. 是反映颗粒大小不均匀程度的指标

    B. C_u 值越大，表示颗粒级配曲线的坡度就越平缓，土粒粒径的变化范围越大，土粒就越不均匀

    C. C_u 值越小，表示颗粒级配曲线的坡度就越平缓，土粒粒径的变化范围越大，土粒

就越不均匀

D. 工程上常将 $C_u < 5$ 的土称为均匀土，把 $C_u \geqslant 5$ 的土称为不均匀土。

35. 对土粒有浮力作用的水是（　　）。

   A. 强结合水　　　　B. 毛细水　　　　C. 弱结合水　　　　D. 重力水

36. 关于曲率系数 C_C 说法错误的是（　　）。

   A. 通过计算得到的指标

   B. 曲率系数计算时用到 d_{10}、d_{30} 和 d_{60}

   C. 一般 C_C 值在 1~3 之间时，表明土粒级配曲线不连续

   D. C_C 值小于 1 或大于 3 时，颗粒级配曲线有明显弯曲而呈阶梯状

37. 关于颗粒级配良好与否说法错误的是（　　）。

   A. 级配良好土的密实度较好

   B. 级配良好土的透水性和压缩性较小

   C.《公路土工试验规程》（JTG 3430—2020）中规定：级配良好的土必须同时满足 $C_u \geqslant 5$ 和 $C_c = 1$~3

   D.《公路土工试验规程》（JTG 3430—2020）中规定：级配良好的土必须同时满足 $C_u < 5$ 和 $C_c = 1$~3

38. "筛析法"是用一套孔径依次由大到小的标准筛做试验，以下（　　）不是标准筛的孔径。

   A. 20mm　　　　B. 12mm　　　　C. 2mm　　　　D. 0.5mm

39. 土的颗粒级配曲线较陡，则表示（　　）。

   A. 不均匀系数大　　　　　　　　B. 土粒大小相差悬殊

   C. 土的级配不好　　　　　　　　D. 土的级配良好

40. 土颗粒的大小及其级配，通常用颗粒累计级配曲线来表示，级配曲线越平缓表示（　　）。

   A. 土粒大小较均匀，级配良好　　　　B. 土粒大小不均匀，级配不良

   C. 土粒大小不均匀，级配良好　　　　D. 土粒大小较均匀，级配不良

41. 若甲、乙两种土的不均匀系数相同，则两种土的（　　）。

   A. 颗粒级配曲线相同　　　　　　B. 有效粒径相同

   C. 限定粒径相同　　　　　　　　D. 限定粒径与有效粒径之比相同

42. 砂土的不均匀系数 C_u 的计算公式为（　　）。

   A. $\dfrac{d_{60}}{d_{30}}$　　　　B. $\dfrac{d_{30}}{d_{10}}$　　　　C. $\dfrac{d_{60}}{d_{10}}$　　　　D. $\dfrac{d_{90}}{d_{10}}$

43. 在颗粒大小分布曲线一种土的 d_{10} 为 0.14，d_{30} 为 0.39，d_{60} 为 0.84，土的不均匀系数 C_u 为（　　）。

   A. 2.8　　　　B. 1.0　　　　C. 2.15　　　　D. 6.0

44. 砂土的曲率系数 C_C 的计算公式为（　　）。

   A. $\dfrac{d_{60}^2}{d_{10}d_{30}}$　　　　B. $\dfrac{d_{10}^2}{d_{30}d_{60}}$　　　　C. $\dfrac{d_{60}}{d_{10}}$　　　　D. $\dfrac{d_{30}^2}{d_{10}d_{60}}$

45. 在颗粒大小分布曲线一种土的 d_{10} 为 0.12，d_{30} 为 0.37，d_{60} 为 0.86，试计算此土的曲率系数 C_C 为（　　）。

A. 2.8   B. 12.9   C. 2.15   D. 1.33

46. 颗粒级配曲线形状较缓，则表明土体中颗粒粒径（   ）。
   A. 大小都有，颗粒级配为良好   B. 大小相近，颗粒级配为良好
   C. 大小都有，颗粒级配为不良   D. 大小相近，颗粒级配为不良

47. 颗粒级配曲线形状较陡，则表明土体中颗粒粒径（   ）。
   A. 大小都有，颗粒级配为良好   B. 大小相近，颗粒级配为良好
   C. 大小都有，颗粒级配为不良   D. 大小相近，颗粒级配为不良

48. 良好的级配指粗颗粒的孔隙恰好由中颗粒填充，中颗粒的孔隙恰好由细颗粒填充，如此逐级填充使砂形成最致密的堆积状态，使得（   ）。
   A. 孔隙率达到最小值，密度达最小值   B. 孔隙率达到最大值，密度达最小值
   C. 孔隙率达到最小值，密度达最大值   D. 孔隙率达到最大值，密度达最大值

49. 用密度计法进行颗粒分析试验，以下说法错误的是（   ）
   A. 适用于粒径大于 60mm 的粗粒土
   B. 适用于粒径小于 0.075mm 的细粒土
   C. 利用粒径不同土粒下沉速度不同的特性测定
   D. 需要将密度计置于悬液中，测记不同时间的读数

50. 小于某粒径的土粒质量占总质量的 10% 时相应的粒径称为（   ）。
   A. 有效粒径   B. 限定粒径   C. 中间粒径   D. 最大粒径

51. 某种砂土的不均匀系数 $C_u = 5.5$，曲率系数 $C_c = 2.6$，该砂土可判定为（   ）。
   A. 级配不良   B. 级配良好   C. 级配均匀   D. 无法判定

52. 某种砂土的 $d_{10} = 0.18mm$，$d_{30} = 0.39mm$，该砂土可判定为（   ）。
   A. 级配不良   B. 级配良好   C. 级配均匀   D. 无法判定

53. 颗粒大小分布曲线一种砂土的 d_{10} 为 0.14，d_{30} 为 0.39，d_{60} 为 0.84，该砂土可判定为（   ）。
   A. 级配不良   B. 级配良好   C. 级配均匀   D. 无法判定

54. 移液管法适应于粒径（   ）颗粒大小分析试验。
   A. 大于 0.075mm   B. 0.075~0.005mm   C. 小于 0.0075mm   D. 小于 0.075mm

55. 颗粒大小分析试验从风干、松散的土样中，用（   ）取出代表性试样。
   A. 四分法   B. 比重计法   C. 炒干法   D. 筛分法

56. 土样总质量 350g，筛析法结果如下，计算 0.25~0.5mm 的颗粒含量（   ）。

粒径/mm	>2	0.5~2	0.25~0.5	<0.25
粒组质量/g	12.8	245.6	89.3	2.3

   A. 25.5%   B. 25.8%   C. 25.2%   D. 25.7%

57. 土样总质量 300g，筛析法结果如下，计算大于 2mm 的颗粒含量（   ）。

粒径/mm	>2	0.5~2	0.25~0.5	<0.25
粒组质量/g	26.9	159.7	90.8	22.6

A. 9.4%　　　　　　B. 9.3%　　　　　　C. 9.0%　　　　　　D. 9.5%

58. 土样总质量 360g，筛析法结果如下，计算小于 0.5mm 颗粒含量（　　）。

粒径/mm	>2	0.5~2	0.25~0.5	0.075~0.25	<0.075
粒组质量/g	33.6	148.9	90.7	31.2	65.6

A. 53.8%　　　　　　B. 52.9%　　　　　　C. 53.1%　　　　　　D. 52.1%

59. 土样总质量 300g，筛析法结果如下，计算大于 0.075mm 颗粒含量（　　）。

粒径/mm	>2	0.5~2	0.25~0.5	0.075~0.25	<0.075
粒组质量/g	20.4	92.3	100.8	60.8	25.7

A. 91.1%　　　　　　B. 91.7%　　　　　　C. 91.4%　　　　　　D. 90.8%

60. 土样总质量 350g，筛分法结果如下，计算 0.5~2mm 的颗粒含量（　　）。

粒径/mm	>2	0.5~2	0.25~0.5	<0.25
粒组质量/g	12.8	245.6	89.3	2.3

A. 70.2%　　　　　　B. 70.5%　　　　　　C. 25.6%　　　　　　D. 3.7%

61. 土样总质量 500g，筛分法结果如下，计算大于 0.25mm 的颗粒含量（　　）。

筛孔直径/mm	20	2	0.5	0.25	0.075	<0.075	总计
留在每层筛上土质量/g	0	40	70	150	190	50	500

A. 52%　　　　　　B. 50%　　　　　　C. 48%　　　　　　D. 90%

62. 土样总质量 500g，筛分法结果如下，计算大于 0.075mm 的颗粒含量（　　）。

筛孔直径/mm	20	2	0.5	0.25	0.075	<0.075	总计
留在每层筛上土质量/g	0	40	70	150	190	50	500

A. 52%　　　　　　B. 90%　　　　　　C. 48%　　　　　　D. 10%

63. 下面属于土中原生矿物的有（　　）。

　　A. 蒙脱石　　　　　B. 石英　　　　　C. 黏土矿物　　　　　D. 岩盐

64. 以下关于粒组说法不正确的是（　　）。

　　A. 同一粒组粒径相近

　　B. 同一粒组土粒性质相似

　　C. 不同行业粒组的划分标准都相同

　　D. 各个粒组随着分界尺寸的不同呈现一定质的变化

65. 颗粒级配不能应用于（　　）。

　　A. 土的分类　　　B. 渗透变形判断　　　C. 工程选料　　　D. 确定压实系数

66. 颗粒分析试验的"筛析法"适用于分析粒径（　　）的风干试样。

　　A. >0.075mm　　　B. <0.075mm　　　C. =0.075mm　　　D. 不限制

67. 对无黏性土进行筛析法试验时，将试样过孔径为 2mm 的细筛，2mm 筛下的土，
　　（　　）时，可以省略细筛筛析。

A. 大于试样总质量 10％   B. 小于试样总质量 10％

C. 大于试样总质量 15％   D. 小于试样总质量 15％

68. 黏性土中的伊利石属于(　　　)。

A. 不一定   B. 次生矿物   C. 原生矿物   D. 不确定

69. 含有黏土粒的砂砾土的土样总质量 350g，筛析法结果如下，判断是否应按密度计法或移液管法测定小于 0.075mm 颗粒含量(　　　)。

粒径/mm	>2	0.5～2	0.25～0.5	0.075～0.25	<0.075
粒组质量/g	32.8	160.8	83.6	36.0	36.8

A. 需要   B. 不需要   C. 无法判断   D. 不确定

70. 砂土的土样总质量 500g，筛析法结果 2mm 筛上颗粒质量为 61.3g，判断是否可以省略粗筛筛析(　　　)。

A. 可以   B. 不可以   C. 无法判断   D. 不确定

(三) 多项选择题

1. 在土的三相中，土体中封闭气体的作用有(　　　)。

A. 增加土的弹性   B. 阻塞水的渗流通道

C. 增加土的密实度   D. 减小土的密实度

2. 根据《公路土工试验规程》(JTG 3430—2020)将粒组划分为(　　　)。

A. 巨粒组   B. 粗粒组   C. 细粒组   D. 粉土

3. 土的固相物质由矿物颗粒组成，主要矿物成分可以分为(　　　)。

A. 沉积矿物   B. 原生矿物   C. 变质矿物   D. 次生矿物

4. 土中原生矿物是岩石经物理风化形成的碎屑物，主要有(　　　)。

A. 石英   B. 角闪石   C. 长石   D. 云母

5. 土中次生矿物是原生矿物经过风化作用后形成的新矿物，如(　　　)。

A. 高岭石   B. 蒙脱石   C. 伊利石   D. 白云母

6. 在颗粒大小分布曲线上可以确定两个描述土的级配的指标，分别是(　　　)。

A. 均匀系数   B. 不均匀系数   C. 曲率系数   D. 圆周率

7. 常用颗粒分析试验方法确定各粒组的相对含量，常用的试验方法有(　　　)。

A. 筛析法   B. 密度计法   C. 移液管法   D. 环刀法

8. 无黏性土筛分时小于和大于 500g 称量精度分别为(　　　)。

A. 0.1g   B. 0.2g   C. 0.3g   D. 1g

9. 根据《公路土工试验规程》(JTG 3430—2020)巨粒组按颗粒大小分为(　　　)。

A. 漂石组   B. 卵石组   C. 碎石组   D. 粉粒

10. 根据《公路土工试验规程》(JTG 3430—2020)砂粒组按颗粒大小分为(　　　)。

A. 粗砂   B. 粉砂   C. 细砂   D. 中砂

11. 级配良好的砂土，表现出来的性质有(　　　)。

A. 颗粒大小相互排列   B. 孔隙率小

C. 可塑性   D. 触变性

12. 土颗粒越小，表现出来的性质有（　　）。

    A. 比表面越大   B. 颗粒表面所带电荷越少

    C. 结合水的能力越强   D. 渗透性越强

13. 在颗粒大小分布曲线上砂土的 d_{10} 为 0.13mm，d_{30} 为 0.41mm，d_{60} 为 0.78mm，以下正确的有（　　）。

    A. 级配不良   B. 级配良好   C. $C_u=6.0$ D. $C_C=1.66$

14. 在颗粒大小分布曲线上一种砂土的 d_{10} 为 0.22mm，d_{30} 为 0.39mm，d_{60} 为 0.92mm，以下正确的有（　　）。

    A. 级配不良   B. 级配良好   C. $C_u=4.81$ D. $C_C=0.75$

15. 在颗粒大小分布曲线上一种砂土的 d_{10} 为 0.17mm，d_{30} 为 0.37mm，d_{60} 为 0.65mm，以下正确的有（　　）。

    A. 级配不良   B. 级配良好   C. $C_u=3.82$ D. $C_C=1.78$

16. 在颗粒大小分布曲线上一种砂土的 $C_u=7.69$，$C_C=1.86$，d_{10} 为 0.18mm，d_{60} 和 d_{30} 为（　　）。

    A. 1.38mm   B. 1.28mm   C. 0.65mm   D. 0.68mm

17. 一种砂土的 $C_u=7.37$，$C_C=1.92$，d_{60} 为 1.59mm，颗粒级配及 d_{10} 为（　　）。

    A. 级配不良   B. 级配良好   C. 0.13mm   D. 0.22mm

18. 土的颗粒大小试验不能使用的方法有（　　）。

    A. 筛分法   B. 环刀法   C. 烘干法   D. 移液管法

19. 一土样总质量 300g，筛析法结果如下，计算小于 0.5mm 和小于 0.25mm 的颗粒含量（　　）。

粒径/mm	>2	0.5~2	0.25~0.5	0.075~0.25	<0.075
粒组质量/g	25.8	97.1	68.2	77.0	31.9

    A. 59.0%   B. 50.9%   C. 36.3%   D. 33.6%

20. 一土样总质量 600g，筛析法结果如下，计算大于 0.075mm 和小于 2mm 的颗粒含量（　　）。

粒径/mm	>2	0.5~2	0.25~0.5	0.075~0.25	<0.075
粒组质量/g	78.9	195.7	164.8	87.9	72.7

    A. 87.9%   B. 89.7%   C. 89.6%   D. 86.9%

21. 重力水在土中具有的作用是（　　）。

    A. 增大土的孔隙比 B. 浮力作用   C. 传递水压力   D. 难确定

22. 一种砂土的 d_{10} 为 0.19mm，d_{30} 为 0.38mm，d_{60} 为 0.7mm，工程上选料要求级配良好，该土不均匀系数大小及土是否符合要求（　　）。

    A. 3.68   B. 3.86   C. 符合   D. 不符合

23. 一种砂土的 d_{10} 为 0.08，d_{30} 为 0.31，d_{60} 为 0.65，工程上选料要求级配良好，该土曲率系数大小及土是否符合要求（　　）。

A. 1.58   B. 1.85   C. 符合   D. 不符合

24. 重力水和毛细水分别存在于土中的位置(   )。
    A. 地下水位界面上   B. 地下水位以下
    C.   地下水位以上   D. 不一定

25. 弱结合水的特征有(   )。
    A. 存在于强结合水外侧   B. 土颗粒靠近时可以形成公共的水膜
    C. 可以在土粒的表面作缓慢地移动   D. 对黏性土的性质影响较大

26. 强结合水的特征有(   )。
    A. 紧靠于土粒表面   B. 土颗粒靠近时可以形成公共的水膜
    C. 接近于固体   D. 在土粒表面作缓慢移动

27. 气体存在于土中，对土的影响叙述正确的有(   )。
    A. 自由气体对土的性质影响不大
    B. 封闭气体增大了土的弹性和压缩型
    C. 气体成分主要为易燃气体时施工要注意安全
    D. 封闭气体对土的性质有较大影响

28. 若甲乙两种土的不均匀系数相同，则两种土的(   )。
    A. 颗粒级配累计曲线不一定相同   B. 有效粒径相同
    C. 限定粒径相同   D. 限定粒径和有效粒径之比相同

29. 土颗粒级配定量评价时用到的指标(   )。
    A. d_{10} B. d_{30} C. d_{60} D. d_{50}

30. 土中的固相物质包括(   )。
    A. 无机矿物颗粒   B. 有机质   C. 结晶水   D. 结合水

31. 土的液相包括(   )。
    A. 强结合水   B. 弱结合水   C. 自由水   D. 结晶水

32. 级配良好砾要求(   )。
    A. 细粒含量小于 5%   B. $C_u \geqslant 5$
    C. $C_C = 1 \sim 3$ D. $C_u < 5$

33. 高液限黏土要求有(   )。
    A. $I_P \geqslant 0.73 (\omega_L - 20)$ B. $I_P \geqslant 10$
    C. $\omega_L \geqslant 30\%$ D. $\omega_L \geqslant 50\%$

第三部分 土 的 物 理 性 质 指 标

知识点:

本部分要求掌握土的各种物理性质指标的定义、计算公式及试验检测方法、标准，并了解各种性质指标的相关应用。

(一) 判断题

1. 土的含水率就是土在 110~120℃下烘至恒重时所失去的水分质量与土质量的比值，用百分数表示。(   )

2. 土的含水率试验方法有烘干法、酒精燃烧法和比重法。(   )

3. 黏质土在做含水率试验时烘干时间不得少于 4h。(   )

4. 比重法不能测定土的含水率。(   )

5. 测试含水率时，酒精燃烧法在任何情况下都是适用的。(   )

6. 土的饱和密度和浮密度的关系是 $\rho' = \rho_{sat} - \rho_w$。(   )

7. 土的孔隙比和孔隙率的关系是 $e = \dfrac{n}{1+n}$。(   )

8. 土样含水率测定必须做 2 次平行试验。(   )

9. 酒精燃烧法测定含水率适用有机质土。(   )

10. 酒精燃烧法可简易测定细粒土的含水率。(   )

11. 砂类土在做含水率试验时烘干时间不得少于 6h。(   )

12. 做含水率试验时，若有机质含量不超过 10%，仍可用烘干法进行试验。(   )

13. 完全饱和土体，含水率 $\omega = 100\%$。(   )

14. 甲土的含水率大于乙土的含水率，则甲土的饱和度一定高于乙土的饱和度。(   )

15. 土中孔隙体积与土的总体积之比称为土的孔隙比。(   )

16. 甲土的饱和度小于乙土的饱和度，则甲土的含水率一定低于乙土的含水率。(   )

17. 土粒比重可用比重瓶法测出。(   )

18. 土的密度也称为土的重度。(   )

19. 密度计法不是现场测定土的密度的方法。(   )

20. 灌水法是现场测定土的密度的方法。(   )

21. 土的饱和度是反映土中的孔隙被水所充填程度的物理性质指标。(   )

22. 土的密度是反映土含水程度的物理性质指标。(   )

23. 土的比重是反映土的湿度的物理性质指标。(   )

24. 土的含水率是反映土的孔隙被水充满程度的物理性质指标。(   )

25. 孔隙比是孔隙体积与土颗粒体积之比的物理性质指标。(   )

26. 土的饱和度为 95.6%，含水率为 25.7%，比重为 2.73，它的孔隙比为 0.734。(   )

27. 同一种土，土的含水率直接影响其饱和度的大小。（　　　）

28. 土的饱和度为 0，说明该土中的孔隙完全被气体充满。（　　　）

29. 两个土样的含水率相同，说明它们的饱和度也相同。（　　　）

30. 土的含水率的定义是水的体积与土体总体积之比。（　　　）

31. 一原状土样环刀加土的质量 161.25g，环刀质量 41.36g，环刀体积 60cm³，则土的密度为 2.00g/cm³。（　　　）

32. 做含水率试验时，若有机质超过 10％，应将烘箱温度控制在 65～70℃的恒温下烘至恒量。（　　　）

33. 比重法测含水率时，土样放入玻璃瓶中无需搅拌即可注满水称量。（　　　）

34. 做含水率试验时，若称量盒质量 19.83g，称量盒加湿土质量 60.35g，称量盒加干土质量 45.46g，则含水率为 58.1％。（　　　）

35. 在野外取 45.60g 的湿土，酒精充分燃烧后称量为 32.50g，则其含水率为 28.7％。（　　　）

36. 某土样做含水率试验，两次平行测定结果为 15.4％和 16.2％，则该土样的含水率为 15.8％。（　　　）

37. 某土样做含水率试验，两次平行测定结果为 14.4％和 16.2％，则该土样的含水率为 15.3％。（　　　）

38. 土的密度是指单位体积土的重量。（　　　）

39. 不规则易碎土样可以用环刀法测定其天然密度。（　　　）

40. 蜡封法测密度，封蜡的目的是防止水渗入土样孔隙中。（　　　）

41. 一原状土样环刀加土的质量 159.25g，环刀质量 41.36g，环刀体积 60cm³，则土的密度为 1.96g/cm³。（　　　）

42. 蜡封法测土样的密度时应测记纯水的温度。（　　　）

43. 土的干密度是指土固体颗粒单位体积的重量。（　　　）

44. 土粒比重是指土颗粒在温度 100℃烘至恒重的质量与同体积 4℃的蒸馏水质量之比。（　　　）

45. 对粒径大于 5mm 的土，其中含粒径大于 20mm 颗粒小于 10％时，应用虹吸筒法测试其比重。（　　　）

46. 对有机质土，测比重时可用煤油测定。（　　　）

47. 用比重瓶法测土的比重时应进行温度校正。（　　　）

48. 对粒径大于 5mm 的土，其中含粒径大于 20mm 颗粒大于 10％时，应用虹吸筒法测试其比重。（　　　）

49. 土的重度是指单位体积内土的重量。（　　　）

50. 土的物理性质指标中的干密度就是指含水的密度。（　　　）

51. 含水率和比重均为无量纲量。（　　　）

52. 经试验测得某土的密度为 1.84g/cm³，含水率为 20％，则其干密度为 1.53g/cm³。（　　　）

53. 土中孔隙体积与固体颗粒体积之比称为土的孔隙比。（　　　）

54. 土中孔隙体积与土体总体积之比的百分数称为孔隙率。（　　）

55. 土中水的体积与土的总体积之比的百分数称为土的饱和度。（　　）

56. 经试验测得某土的密度为 1.82g/cm³，含水率为 20.4%，则其干重度为 15.1kN/m³。（　　）

57. 土的有效重度指在地下水位以下，单位体积土体中土粒所受的重力扣除水的浮力。（　　）

58. 对同一种土，土的四种密度之间关系：$\rho_{sat} \geqslant \rho_d \geqslant \rho > \rho'$。（　　）

59. 在土的物理性质指标中，土的密度、土粒比重以及土的含水率必须由试验直接测定。（　　）

60. 土的孔隙比为 0.625，则其孔隙率为 38.5%。（　　）

61. 某土的密度为 1.85g/cm³，含水率为 20.5%，比重为 2.66，则其孔隙比为 0.733。（　　）

62. 土的孔隙率 38.5%，则其孔隙比为 0.278。（　　）

63. 土的孔隙比可大于 1。（　　）

64. 甲土的饱和度大于乙土的饱和度，则甲土的含水率就一定比乙土的含水率高。（　　）

65. 若土处于半固态时，其含水率为零。（　　）

66. 烘干法测试含水率时取代表性试样 15～30g，放入称量盒内立即盖好盒盖称量。（　　）

67. 烘干法测含水率时将烘干后的试样和盒取出，盖好盒盖放入干燥器内冷却至室温再称盒加干土质量。（　　）

68. 含水率试验需进行 2 次平行测定，取单个的数值就可以。（　　）

69. 环刀法测定密度时将环刀内壁涂一薄层凡士林，刃口向下放在土样上切土。（　　）

70. 用环刀切土时用削土刀或钢丝锯将土样削成略大于环刀直径的土柱，向下压一下环刀，再继续削土，边削边压，至土样伸出环刀为止。（　　）

71. 蜡封法测土的密度不是在纯水中称量。（　　）

72. 土的密度和土粒比重均为有量纲的量。（　　）

73. 比重试验时将比重瓶放在砂浴上煮沸是为了排除土中的空气。（　　）

74. 比重瓶放在砂浴上煮沸时间，自悬液沸腾时算起砂及砂质粉土不应少于 0.5h，黏土及粉质黏土不应少于 1h，煮沸时应注意不使土液溢出瓶外。（　　）

75. 长颈比重瓶用滴管调整液面恰至刻度处（以弯液面下缘为准），擦干瓶外及瓶内壁刻度以上部分的水称瓶水土总质量。（　　）

76. 土样的孔隙比 0.856，它的孔隙率为 45.6%。（　　）

77. 土样的孔隙率 45.6%，它的孔隙比为 0.838。（　　）

78. 同一种土的三相比例不同，土的状态和工程性质也各不相同。（　　）

79. 饱和土和干土、湿土都是三相体系。（　　）

80. 土样的孔隙比与孔隙率的关系为 $e = (1+n)/n$。（　　）

81. 饱和土和干土均为二相体系。（　　）

82. 土的含水率为 21.3%，比重为 2.71，密度为 1.83g/cm³，它的孔隙比为

0.796。（　　　）

83. 土的重度为 19.6kN/m³，比重为 2.74，含水率为 28.6%，它的孔隙比为 0.811。（　　　）

84. 土的重度为 19.1kN/m³，含水率为 20.5%，比重为 2.68，它的孔隙比为 0.691。（　　　）

85. 土的含水率为 23.8%，密度为 1.83g/cm³，它的干重度为 14.8kN/m³。（　　　）

86. 土的干重度为 15.5kN/m³，比重为 2.73，它的孔隙比为 0.761。（　　　）

87. 土的孔隙比 0.859，含水率为 26.2%，比重为 2.70，它的饱和度为 82.4%。（　　　）

88. 土的干重度为 15.5kN/m³，比重为 2.73，它的孔隙率为 0.761。（　　　）

89. 土的含水率为 21.3%，比重为 2.71，密度为 1.83g/cm³，它的孔隙率为 0.796。（　　　）

90. 土的含水率为 20.0%，比重为 2.72，密度为 1.77g/cm³，它的孔隙率为 0.368。（　　　）

91. 计算土的有效重度时需要扣除水的浮力。（　　　）

92. 土的饱和重度为 19.8kN/m³，它的有效重度为 10.8kN/m³。（　　　）

93. 土的饱和重度为 20.8kN/m³，天然重度为 18.5kN/m³，它的有效重度为 8.5kN/m³。（　　　）

94. 土的饱和度为 1，说明该土中的孔隙完全被水充满。（　　　）

95. 饱和度只是反映了土中孔隙被水充满的程度。（　　　）

96. 土的孔隙比 0.859，比重为 2.70，它的饱和重度为 19.1kN/m³。（　　　）

97. 土的孔隙比 0.84，比重为 2.72，它的有效重度为 9.3kN/m³。（　　　）

98. 土的天然密度为 1.67g/cm³，干密度为 1.48g/cm³，它的含水率为 12.8%。（　　　）

（二）单项选择题

1. 以下（　　　）不是土的含水率的试验方法。
   A. 烘干法　　　　　　B. 酒精燃烧法　　　C. 比重法　　　　　　D. 环刀法

2. 下列（　　　）试验方法适合简易测定细粒土的含水率。
   A. 烘干法　　　　　　B. 酒精燃烧法　　　C. 比重法　　　　　　D. 筛析法

3. 在用烘干法测定有机质小于 5% 土的含水率时，应将温度控制在（　　　）范围。
   A. 105～110℃　　　B. 200℃以上　　　C. 65～70℃　　　　D. 150℃以上

4. 黏质土在做含水率试验时烘干时间不得少于（　　　）。
   A. 4h　　　　　　　　B. 6h　　　　　　　C. 8h　　　　　　　　D. 12h

5. 酒精燃烧法测定含水率需燃烧试样的次数为（　　　）。
   A. 3 次　　　　　　　B. 5 次　　　　　　C. 2 次　　　　　　　D. 4 次

6. 砂类土在做含水率试验时烘干时间不得少于（　　　）。
   A. 4h　　　　　　　　B. 6h　　　　　　　C. 8h　　　　　　　　D. 12h

7. 在用烘干法测定含有机质大于 10% 的含水率时，应将温度控制为（　　　）。
   A. 105～110℃　　　B. 200℃以上　　　C. 65～70℃　　　　D. 150℃以上

8. 做含水率试验时，若盒质量 19.83g，盒加湿土质量 60.35g，盒加干土质量 45.46g，则含水率为（　　）。

  A. 38.7.％   B. 36.7％   C. 58.1％   D. 56.1％

9. 在野外取 43.60g 的湿土，酒精充分燃烧后称量为 31.50g，则其含水率为（　　）。

  A. 38.1％   B. 38.4％   C. 42.1％   D. 46.6％

10. 某土样做含水率试验，两次平行测定结果为 15.4％ 和 15.8％，则该土样的含水率为（　　）。

  A. 15.4％   B. 15.6％   C. 15.7％   D. 15.8％

11. 含水率的定义式为（　　）。

  A. $\dfrac{m_w}{m}$ B. $\dfrac{m_w}{m_s}$ C. $\dfrac{m_s}{m}$ D. $\dfrac{m_w}{m_v}$

12. 对一般黏性土，试验室内常用的密度试验方法是（　　）方法。

  A. 环刀法   B. 烘干法   C. 灌砂法   D. 灌水法

13. 工程上控制填土的施工质量和评价土的密度常用的指标是（　　）。

  A. 有效重度   B. 土粒相对密度 C. 饱和密度   D. 干密度

14. 某 1kg 的土样，置放一段时间后，含水率由 25％ 下降到 20％，则土中的水减少了（　　）。

  A. 0.06kg   B. 0.05kg   C. 0.03kg   D. 0.04kg

15. 原状土的干密度等于（　　）。

  A. 湿密度／含水率   B. 湿密度／（1－含水率）

  C. 湿密度／（1＋含水率）   D. 湿密度×（1＋含水率）

16. 经试验测得某土的密度为 1.84g/cm³，含水率为 25％，则其干密度为（　　）。

  A. 1.38g/cm³ B. 1.47g/cm³ C. 2.16g/cm³ D. 2.45g/cm³

17. 对于易破碎土和形态不规则的坚硬土的密度试验用（　　）。

  A. 环刀法   B. 蜡封法   C. 灌砂法   D. 灌水法

18. 干密度 ρ_d 的定义式为（　　）。

  A. $\dfrac{m}{V_s}$ B. $\dfrac{m_s}{V}$ C. $\dfrac{m_s}{V_s}$ D. $\dfrac{m}{V}$

19. 一原状土样环刀加土的质量 161.25g，环刀质量 41.36g，环刀体积 60cm³，则土样的密度为（　　）。

  A. 2.00g/cm³ B. 2.10g/cm³ C. 2.20g/cm³ D. 2.30g/cm³

20. 下述土的换算指标中排序正确的是（　　）。

  A. 饱和密度≥天然密度≥干密度   B. 天然密度≥干密度≥饱和密度

  C. 饱和密度≥浮密度≥干密度   D. 天然密度≥饱和密度≥干密度

21. 一试样在天然状态下体积为 230cm³，质量为 400g，则该土样的天然密度为（　　）。

  A. 1.74g/cm³ B. 1.84g/cm³ C. 1.54g/cm³ D. 1.64g/cm³

22. 对粒径小于 5mm 的土，比重试验的方法通常采用（　　）。

  A. 比重瓶法   B. 浮称法   C. 虹吸筒法   D. 环刀法

23. 对粒径大于 5mm，其中含粒径大于 20mm 颗粒小于 10％ 的土，应用（　　）测试其比重。

  A. 比重瓶法　　　　B. 浮称法　　　　　C. 虹吸筒法　　　　D. 环刀法

24. 对粒径大于 5mm，其中含粒径大于 20mm 颗粒大于 10% 的土，应用（　　）测试其
比重。

  A. 比重瓶法　　　　B. 浮称法　　　　　C. 虹吸筒法　　　　D. 环刀法

25. 某黏性土处于流动状态，其含水率最不可能是（　　）。

  A. 100%　　　　　B. 150%　　　　　C. 0　　　　　　　D. 50%

26. 土粒比重是指土颗粒在温度（　　）烘至恒重时的质量，与同体积 4℃ 时纯水质量之比。

  A. 100~105℃　　B. 100~110℃　　C. 105~115℃　　D. 105~110℃

27. 土粒比重的单位是（　　）。

  A. kN/m³　　　　B. kg/m³　　　　　C. 无　　　　　　D. kPa

28. 比重试验时可用纯水测定的是（　　）土。

  A. 可溶盐　　　　B. 亲水性胶体　　　C. 有机质　　　　D. 一般土粒

29. 土的孔隙率是土中孔隙体积与（　　）体积之比。

  A. 固体颗粒　　　B. 水　　　　　　　C. 气体　　　　　D. 固体颗粒加孔隙

30. 土的孔隙比的概念公式是（　　）。

  A. $e = \dfrac{V_v}{V_s}$　　　　B. $e = \dfrac{V_v}{V}$　　　　C. $e = \dfrac{V_w}{V}$　　　　D. $e = \dfrac{V_a}{V_s}$

31. 土的孔隙比为 0.648，则其孔隙率为（　　）。

  A. 39.3%　　　　B. 39.9%　　　　　C. 39.5%　　　　D. 39.6%

32. 土的孔隙率为 36.5%，则其孔隙比为（　　）。

  A. 0.648　　　　B. 0.298　　　　　C. 0.575　　　　D. 0.273

33. 某土的密度为 1.82g/cm³，含水率为 20.2%，比重为 2.65，则其孔隙比为（　　）。

  A. 1.645　　　　B. 0.645　　　　　C. 1.750　　　　D. 0.750

34. 土的物理性质指标中可直接测出的指标有（　　）。

  A. 土的干密度　　B. 孔隙比　　　　　C. 含水率　　　　D. 饱和度

35. 以下指标中不属于土的试验基本指标的是（　　）。

  A. 土的密度　　　B. 土的干密度　　　C. 含水率　　　　D. 土粒比重

36. 下列（　　）指标常用来评价土体饱和程度。

  A. 密度　　　　　B. 干密度　　　　　C. 饱和度　　　　D. 孔隙率

37. 土的饱和度是孔隙中水的体积与（　　）体积之比的百分数。

  A. 固体颗粒　　　B. 孔隙　　　　　　C. 气体　　　　　D. 固体颗粒加孔隙

38. 对同一种土，孔隙比越大，则孔隙率（　　）。

  A. 不变　　　　　B. 不一定　　　　　C. 越大　　　　　D. 越小

39. 下列指标中，不可能大于 1 的指标是（　　）。

  A. 含水率　　　　B. 孔隙比　　　　　C. 液性指数　　　D. 饱和度

40. 对同一种土，下列重度中，量值最小的是（　　）。

  A. γ'　　　　　B. γ　　　　　　C. γ_d　　　　　D. γ_{sat}

41. 一土样密度 1.83g/cm³、含水率 23.2%、比重 2.72，该土样的饱和度为（　　　）。
    A. 74.9%　　　　　B. 75.9%　　　　　C. 78.7%　　　　　D. 85.8%

42. 土的密度越大，孔隙比的值（　　　）。
    A. 不变　　　　　B. 不一定　　　　　C. 越大　　　　　D. 越小

43. 土粒比重是由（　　　）确定的。
    A. 室内试验　　　　B. 野外试验　　　　C. 换算　　　　D. 经验判定

44. 土的孔隙率越大，含水率（　　　）。
    A. 不变　　　　　B. 不一定　　　　　C. 越大　　　　　D. 越小

45. 以下不是测定土粒比重的实验方法是（　　　）。
    A. 比重瓶法　　　　B. 浮称法　　　　C. 虹吸筒法　　　　D. 酒精燃烧法

46. 若土的重度是 18.8kN/m³，饱和重度是 21.6kN/m³，则其有效重度是（　　　）。
    A. 10.8kN/m³　　　B. 11.6kN/m³　　　C. 12.8kN/m³　　　D. 13.8kN/m³

47. 下列试验中，可以采用风干土样的是（　　　）。
    A. 含水率试验　　　B. 颗分试验　　　C. 密度试验　　　D. 剪切试验

48. 烘干法测定含水率时代表性试样取量为（　　　）。
    A. 15～20g　　　　B. 15～30g　　　　C. 15～40g　　　　D. 10～15g

49. 烘干法测定含水率将烘干后的试样和盒取出盖好盒盖，冷却至室温时应该放
    入（　　　）。
    A. 室内　　　　　B. 室外　　　　　C. 干燥器内　　　　D. 以上三者都可以

50. 环刀法测土的密度用环刀切土时正确的方法是（　　　）。
    A. 边削边压　　　　　　　　　B. 直接用力下压环刀
    C. 不需要削土　　　　　　　　D. 削成土柱面积小于环刀面积

51. 环刀法测土的密度用环刀切土时错误的做法是（　　　）。
    A. 边削边压　　　　　　　　　B. 轻轻用力下压环刀
    C. 不削土直接下压环刀　　　　D. 削土时土柱面积稍大于环刀面积

52. 用环刀法测土的密度，切土时将环刀内壁涂一薄层（　　　）。
    A. 黄油　　　　　B. 凡士林　　　　C. 润滑油　　　　D. 不确定

53. 《土工试验方法标准》（GB/T 50123—2019）规定当土中有机质含量在（　　　）范围时，
    仍允许采用烘干法进行试验但需注明有机质含量。
    A. 10%～15%　　　B. 5%～10%　　　C. 5%～8%　　　D. 10%～20%

54. 烘干法测含水率应将温度控制在 65～70℃，适应于（　　　）。
    A. 有机质小于 10% 的土　　　　　B. 有机质小于 5% 的土
    C. 有机质超过 10% 的土　　　　　D. 有机质小于 8% 的土

55. 酒精燃烧法试验时当第（　　　）次火焰熄灭后立即盖好盒盖称干土质量。
    A. 1　　　　　　　B. 2　　　　　　　C. 3　　　　　　　D. 4

56. 酒精燃烧法试验时用滴管将酒精注入放有试样的称量盒中，要求是（　　　）。
    A. 盒中注满为止　　　　　　　　B. 盒中出现自由液面为止
    C. 盒中滴几滴就可以　　　　　　D. 盒中一半为止

57. 酒精燃烧法试验时酒精纯度要求为（　　　）。
　　A. 94％　　　　　　　B. 96％　　　　　　　C. 95％　　　　　　　D. 93％

58. 蜡封法试验称量时用线将试样吊在天平一端并使试样浸没于（　　　）中。
　　A. 自来水　　　　　B. 煤油　　　　　　C. 酒精　　　　　　D. 纯水

59. 蜡封法试验时持线将试样徐徐浸入刚过熔点的（　　　）中，待全部沉浸后立即将试样提出。
　　A. 自来水　　　　　B. 煤油　　　　　　C. 蜡　　　　　　　D. 纯水

60. 比重试验时为排除土中的空气，试样需要（　　　）。
　　A. 加水浸泡就可以　B. 煮沸　　　　　　C. 不需处理　　　　D. 不确定

61. 比重试验时试样煮沸需要的仪器是（　　　）。
　　A. 烘箱　　　　　　B. 电炉　　　　　　C. 砂浴　　　　　　D. 不确定

62. 土的含水率22.6％，比重2.69，重度19.5kN/m³，它的孔隙率为（　　　）。
　　A. 40.9％　　　　　B. 49.0％　　　　　C. 41.2％　　　　　D. 40.5％

63. 土的含水率24.1％，比重2.72，重度18.8kN/m³，它的饱和度为（　　　）。
　　A. 85.2％　　　　　B. 82.4％　　　　　C. 81.3％　　　　　D. 81.5％

64. 干土的质量为115.80g，体积为60cm³，它的干重度为（　　　）。
　　A. 19.5kN/m³　　　B. 19.6kN/m³　　　C. 19.7kN/m³　　　D. 19.3kN/m³

65. 湿土的质量为123.45g，体积为60cm³，它的重度为（　　　）。
　　A. 20.6kN/m³　　　B. 19.6kN/m³　　　C. 20.7kN/m³　　　D. 20.3kN/m³

66. 完全饱和土的质量为128.62g，体积为60cm³，它的有效重度为（　　　）。
　　A. 11.8kN/m³　　　B. 11.4kN/m³　　　C. 21.4kN/m³　　　D. 21.5kN/m³

67. 取饱和度为100％的土127.18g，体积为60cm³，它的饱和重度为（　　　）。
　　A. 21.8kN/m³　　　B. 11.8kN/m³　　　C. 21.2kN/m³　　　D. 21.9kN/m³

68. 土的饱和度为100％，比重2.68，孔隙比0.681，重度21.7kN/m³，它的干重度为（　　　）。
　　A. 17.3kN/m³　　　B. 17.5kN/m³　　　C. 17.6kN/m³　　　D. 17.2kN/m³

69. 土的饱和度为90％，比重2.71，含水率23.1％，它的孔隙率为（　　　）。
　　A. 42％　　　　　　B. 41％　　　　　　C. 43％　　　　　　D. 44％

70. 土的饱和度为92.5％，孔隙比0.682，含水率23.1％，它的比重为（　　　）。
　　A. 2.72　　　　　　B. 2.71　　　　　　C. 2.73　　　　　　D. 2.74

71. 土的比重为2.65，孔隙比0.612，含水率20.5％，它的饱和度为（　　　）。
　　A. 85.2％　　　　　B. 88.8％　　　　　C. 88.6％　　　　　D. 88.5％

72. 土的饱和重度为21.3kN/m³，它的有效重度为（　　　）。
　　A. 11.3kN/m³　　　B. 10.3kN/m³　　　C. 12.3kN/m³　　　D. 13.3kN/m³

73. 完全饱和土的天然重度与饱和重度之间关系为（　　　）。
　　A. 天然重度＝饱和重度　　　　　　　B. 天然重度＞饱和重度
　　C. 天然重度＜饱和重度　　　　　　　D. 以上都不正确

74. 湿土（饱和度＜1）的天然重度与饱和重度之间关系为（　　　）。

A. 天然重度＝饱和重度　　　　　　B. 天然重度＞饱和重度

C. 天然重度＜饱和重度　　　　　　D. 以上都不正确

75. 土的饱和度值可能变化的范围为(　　)。

A. $100\%>S_r>0$　　B. $100\%\geq S_r\geq 0$　　C. $S_r>0$　　　　D. $S_r\geq 0$

76. 土的含水率 ω 值可能变化的范围为(　　)。

A. $100\%>\omega>0$　　B. $100\%\geq\omega\geq 0$　　C. $\omega\geq 0$　　　　D. $\omega>0$

77. 土的孔隙比 e 值可能变化的范围为(　　)。

A. $1>e>0$　　　　　B. $1\geq e\geq 0$　　　　C. $e>0$　　　　D. $e\geq 0$

78. 土的饱和度是指(　　)之比的百分数。

A. 土粒体积与孔隙体积　　　　　　B. 土中水的体积与孔隙体积

C. 土中水的体积与土粒体积　　　　D. 以上都不对

79. 下面说法正确的是(　　)。

A. 同一种饱和砂土，可以用其含水率 ω 来判断其松密程度

B. 一种黏性土的塑性指数 I_P 能够反应它的软硬程度

C. 同种砂土，孔隙比 e 较小的那个一定密实

D. 两种黏性土，含水率 ω 较小的那个一定硬些

80. 有一非饱和土样，在荷载作用下饱和度由 80% 增加至 95%，土样的重度 γ 和含水率 ω 可能会发生的改变为(　　)。

A. γ 增加，ω 减小　　　　　　　　B. γ 不变，ω 不变

C. γ 增加，ω 增加　　　　　　　　D. γ 减小，ω 增加

81. 用比重瓶法测出的物理性质指标是(　　)。

A. 孔隙比　　　　B. 密度　　　　　C. 土粒比重　　　D. 以上都不是

82. 不是现场测定土的密度的方法是(　　)。

A. 环刀法　　　　B. 灌水法　　　　C. 密度计法　　　D. 灌砂法

83. 孔隙比是评价天然土层(　　)的物理性质指标。

A. 潮湿程度　　　B. 密实程度　　　C. 强度　　　　　D. 硬度

84. 某土层位于地下水位以下，若其饱和重度是 $20kN/m^3$，则其有效重度是(　　)。

A. $11kN/m^3$　　B. $10kN/m^3$　　C. $9kN/m^3$　　D. $8kN/m^3$

85. 某土层的密度是 $1.6g/cm^3$，则其重度可能是(　　)。

A. $16.0kN/m^3$　　B. $14.9kN/m^3$　　C. $15.5kN/m^3$　　D. 以上都不可能

86. 某土层的密度是 $1.6g/cm^3$，则其饱和重度不可能是(　　)。

A. $17kN/m^3$　　B. $15kN/m^3$　　C. $18kN/m^3$　　D. $16kN/m^3$

87. 某土层的饱和度不可能是(　　)。

A. 100%　　　　B. 0　　　　　　C. 150%　　　　D. 50%

88. 某土单位体积含水体积是 $0.3m^3$，孔隙体积是 $0.5m^3$，其饱和度是(　　)。

A. 60%　　　　　B. 70%　　　　C. 80%　　　　D. 90%

(三) 多项选择题

1.《土工试验方法标准》(GB/T 50123—2019) 中测含水率的试验方法有(　　)。

A. 烘干法　　　　　　B. 比重瓶法　　　　　C. 比重法　　　　　　D. 酒精燃烧法

2. 土的基本物理性质指标（或称实测指标）包括（　　　）。

A. 密度　　　　　　　B. 含水率　　　　　　C. 土粒比重　　　　　D. 饱和度

3. 比重法测定土的含水率的适用范围是（　　　）。

A. 粗砂　　　　　　　B. 细砂　　　　　　　C. 黏性土　　　　　　D. 黄土

4. 烘干法测试土的含水率，可能产生的误差包括（　　　）。

A. 试样不饱和　　　　　　　　　　　B. 试样的代表性不够

C. 试样未达到恒重就从烘箱中取出　　D. 试样称量不准

5. 在用烘干法烘干含有机质小于5％的土时，下列温度（　　　）是合适的。

A. 100℃　　　　　　B. 106℃　　　　　　C. 109℃　　　　　　D. 120℃以上

6. 在用烘干法烘干含有机质大于10％的土时，下列温度（　　　）是合适的。

A. 67℃　　　　　　　B. 70℃　　　　　　C. 105℃　　　　　　D. 110℃以上

7. 黏质土在做含水率试验时，下列烘干时间合适的是（　　　）。

A. 6h　　　　　　　　B. 7h　　　　　　　C. 9h　　　　　　　D. 10h

8. 自由水是不受土粒电场吸引的水，分为（　　　）两类。

A. 结合水　　　　　　B. 重力水　　　　　C. 毛细水　　　　　D. 弱结合水

9. 下列不是含水率定义公式的是（　　　）。

A. $\dfrac{m_w}{m}$　　　　　　　B. $\dfrac{m_w}{m_s}$　　　　　　C. $\dfrac{m_s}{m}$　　　　　　D. $\dfrac{m_w}{m_v}$

10. 在野外取44.60g的湿土，其体积为24cm³，酒精充分燃烧后称量为31.50g，则其含水率和天然密度为（　　　）。

A. 41.6％　　　　　　B. 29.4％　　　　　C. 1.86g/cm³　　　　D. 1.31g/cm³

11. 下列土的密度试验方法中适用于室内的是（　　　）。

A. 灌砂法　　　　　　B. 蜡封法　　　　　C. 环刀法　　　　　D. 灌水法

12. 蜡封法测密度适宜（　　　）的土。

A. 碎石土　　　　　　B. 易碎黏性土　　　C. 形状不规则土　　　D. 细粒土

13. 密度试验中应测出土样的（　　　）。

A. 土质量　　　　　　B. 土样体积　　　　C. 土粒大小　　　　D. 含水率

14. 环刀法测定密度适用的土是（　　　）。

A. 粉土　　　　　　　B. 黏土　　　　　　C. 砾类土　　　　　D. 有机质细粒土

15. 一原状土样环刀加土的质量160.25g，环刀质量40.66g，环刀体积60cm³，则土的密度和重度为（　　　）。

A. 2.09g/cm³　　　　B. 1.99g/cm³　　　　C. 19.9kN/m³　　　　D. 20.9kN/m³

16. 《土工试验方法标准》（GB/T 50123—2019）规定测定土的比重试验的方法有（　　　）。

A. 比重瓶法　　　　　B. 浮称法　　　　　C. 虹吸筒法　　　　D. 环刀法

17. 土的干密度是指土的哪两个的比值？（　　　）

A. 土重　　　　　　　B. 干土质量　　　　C. 干土的体积　　　D. 土的体积

18. 某土样测得重量1.87N，体积为100cm³，烘干后重量为1.67N，已知土粒比重2.66，则其含水率和干重度为（　　）。

    A. 12.0％　　　　　B. 10.7％　　　　　C. 16.7kN/m³　　　　D. 17.7kN/m³

19. 比重试验时，须用中性液体测定的是（　　）土。

    A. 可溶盐　　　　B. 亲水性胶体　　　C. 有机质土　　　D. 一般土粒

20. 对粒径大于 5mm，其中含粒径大于 20mm 颗粒小于 10％的土的比重时，下列试验哪种方法不能采用？（　　）

    A. 比重瓶法　　　B. 浮称法　　　　C. 虹吸筒法　　　D. 环刀法

21. 黏土矿物的粒径小于 0.005mm 肉眼看不清，用电子显微镜观察为鳞片状，主要有（　　）三类。

    A. 宝石　　　　　B. 蒙脱石　　　　C. 高岭石　　　　D. 伊利石

22. 对粒径大于 5mm，其中含粒径大于 20mm 颗粒大于 10％的土的比重，试验时（　　）不能采用。

    A. 比重瓶法　　　B. 浮称法　　　　C. 虹吸筒法　　　D. 环刀法

23. 下列指标中，可能大于 1 的指标是（　　）。

    A. 含水率　　　　B. 孔隙比　　　　C. 孔隙率　　　　D. 饱和度

24. 对同一种土，下列重度关系中不正确的是（　　）。

    A. $\gamma' > \gamma_d$　　　B. $\gamma > \gamma_d$　　　C. $\gamma_{sat} < \gamma_d$　　　D. $\gamma_{sat} > \gamma$

25. 某土样测得重量 1.87N，体积为 100cm³，烘干后重量为 1.67N，已知土粒比重 2.66，则其孔隙比和饱和重度为（　　）。

    A. 0.593　　　　　B. 0.693　　　　　C. 19.4kN/m³　　　　D. 20.4kN/m³

26. 某土样测得重量 1.92N，体积为 100cm³，烘干后重量为 1.62N，土粒比重 2.66，则其饱和度和有效重度为（　　）。

    A. 76.7％　　　　B. 57.3％　　　　C. 10.1kN/m³　　　　D. 19.6kN/m³

27. 某土样测得其重度为 17.8kN/m³，含水率为 25％，土粒比重为 2.65，则其干重度为和孔隙比为（　　）。

    A. 14.2kN/m³　　　B. 23.7kN/m³　　　C. 0.786　　　　D. 0.861

28. 以下土的物理性质指标，根据试验测定指标换算的是（　　）。

    A. 含水率　　　　B. 密度　　　　　C. 孔隙比　　　　D. 饱和度

29. 一土样密度 1.93g/cm³，含水率 23.2％，比重 2.72，该土样的孔隙比和饱和度为（　　）。

    A. 0.736　　　　　B. 85.7％　　　　C. 0.636　　　　　D. 95.8％

30. 某土样测得其重度为 17.8kN/m³，含水率为 25％，土粒比重为 2.65，则其孔隙率和饱和度为（　　）。

    A. 44.2％　　　　B. 46.3％　　　　C. 78.4％　　　　D. 76.9％

31. 环刀法测土的密度切土时将环刀内壁不能涂抹的是（　　）。

    A. 黄油　　　　　B. 凡士林　　　　C. 润滑油　　　　D. 橄榄油

32. 完全干燥的土的组成是（　　）。

    A. 土颗粒　　　　B. 气体　　　　　C. 水　　　　　　D. 不确定

33. 完全饱和的土的组成是( )。

    A. 土颗粒   B. 气体   C. 水   D. 不确定

34. 比重瓶放在砂浴上煮沸,煮沸时间自悬液沸腾时算起,砂质粉土及黏土分别不应少于( )。

    A. 0.5h   B. 0.3h   C. 1h   D. 1.5h

35. 下列用环刀切土的正确方法是( )。

    A. 将土样削成略大于环刀直径的土柱   B. 直接下压

    C. 边削边压   D. 用其他工具向下压环刀

36. 土的密度试验方法中适用于野外的是( )。

    A. 灌砂法   B. 蜡封法   C. 环刀法   D. 灌水法

37. 蜡封法测密度时用线将试样吊在天平一端并使试样浸没于纯水中称量精度及测记项目为( )。

    A. 0.1g   B. 0.01g   C. 煤油的温度   D. 纯水的温度

38. 环刀法测密度时原状土样整平其两端,环刀内壁涂一薄层的物质及环刀的放置为( )。

    A. 凡士林   B. 润滑油

    C. 刃口向下放在土样上   D. 刃口向上放在土样上

39. 一原状土样质量 120.31g,切土环刀质量 40.66g,环刀内径 61.8mm,高 2cm,则土的密度和重度为( )。

    A. 2.01g/cm³   B. 1.33g/cm³   C. 21.0kN/m³   D. 20.1kN/m³

40. 一原状土样环刀加土的质量 165.35g,切土环刀质量 42.21g,环刀内径 61.8mm,高 2cm,则土的密度和重度为( )。

    A. 2.02g/cm³   B. 2.05g/cm³   C. 20.5kN/m³   D. 20.9kN/m³

41. 含水率试验时烘干时间的要求为( )。

    A. 黏质土不少于 8h   B. 黏质土不少于 6h   C. 砂类土不少于 8h   D. 砂类土不少于 6h

42. 含水率试验时一般黏质土温度和烘干时间的要求为( )。

    A. 105～110℃   B. 105～115℃   C. 不少于 8h   D. 不少于 6h

43. 一原状土样质量 118.63g,切土环刀内径 61.8mm,高 2cm,含水率 22.7%,则土的天然重度及干重度为( )。

    A. 19.5kN/m³   B. 19.8kN/m³   C. 16.3kN/m³   D. 16.1kN/m³

44. 一原状土样比重 2.70,密度 1.96g/cm³,含水率 25.2%,则土的孔隙比及孔隙率为( )。

    A. 0.725   B. 0.728   C. 42%   D. 45%

45. 一原状土样比重 2.72,重度 18.9kN/m³,含水率 26.1%,则土的饱和度及孔隙率为( )。

    A. 81.7%   B. 87.1%   C. 45.2%   D. 44.9%

46. 一般情况下,下列描述同一种土的不同状态的重度之间的关系不正确的为( )。

    A. $\gamma_{sat} > \gamma_d > \gamma > \gamma'$ B. $\gamma > \gamma_d > \gamma_{sat} > \gamma'$

C. $\gamma_{sat} > \gamma > \gamma' > \gamma_d$ 　　　　　　　D. $\gamma_d > \gamma_{sat} > \gamma > \gamma'$

47. 土的天然密度、比重、含水率由室内试验直接测定，其测定方法分别是（　　）。
    A. 环刀法　　　　　B. 比重瓶法　　　　　C. 烘干法　　　　　D. 孔隙比法

48. 有一非饱和土样，在荷载作用下，饱和度由80％增加至95％，土样的重度γ和含水率发生改变，下面说法不正确的是（　　）。
    A. γ减小，ω增加　　　　　　　　　B. γ不变，ω不变
    C. γ增加，ω增加　　　　　　　　　D. γ不变，ω减小

49. 下列说法正确的是（　　）。
    A. 孔隙比为土中孔隙体积与土粒体积之比
    B. 甲土的饱和度大于乙土，则甲土的含水率一定高于乙土
    C. 若土中含有有机质时，其比重会明显地减小
    D. 如果某土的饱和度为100％，则其含水率为100％

50. 下列说法错误的是（　　）。
    A. 土粒的比重在数值上等于土的密度
    B. 测定土的含水率就是测土中自由水的百分含量
    C. 土的物理性质指标是衡量土的工程性质的重要依据
    D. 测试含水率时，酒精燃烧法在任何时候都是适用的

51. 含水率为5％的黏性土220g，其烘干后的质量错误的是（　　）。
    A. 209g　　　　　B. 209.52g　　　　　C. 210g　　　　　D. 210.95g

52. 下列关于土的饱和度的说法中错误的是（　　）。
    A. 若土样甲的含水率大于土样乙，则土样甲的饱和度大于土样乙
    B. 若土样甲的饱和度大于土样乙，则土样甲的含水率大于土样乙
    C. 若土样甲的饱和度大于土样乙，则土样甲必定比土样乙软
    D. 饱和度可作为划分砂土湿度状态的物理指标

53. 有机质含量小于5％的土，利用烘干法测含水率时烘箱的温度控制错误的为（　　）。
    A. 100～105℃　　　B. 105～110℃　　　C. 95～100℃　　　D. 110～115℃

54. 一原状土样比重2.71，密度1.95g/cm³，含水率23.8％，则土的孔隙比及干重度为（　　）。
    A. 0.721　　　　　B. 0.723　　　　　C. 16.1kN/m³　　　　　D. 15.8kN/m³

55. 土样的孔隙率51.1％，密度1.68g/cm³，含水率28.9％，则土的饱和度及比重为（　　）。
    A. 73.7％　　　　　B. 2.66　　　　　C. 75.2％　　　　　D. 2.69

56. 称取湿土的质量45.78g，烘干后质量35.62g，密度1.72g/cm³，则土干密度和干重度为（　　）。
    A. 1.34g/cm³　　　B. 13.6kN/m³　　　C. 1.36g/cm³　　　D. 13.4kN/m³

第四部分　土的物理状态指标及应用

知识点：

　　本部分要求掌握土的各种物理状态指标的定义、计算公式及试验检测方法、标准，并了解各种状态指标的相关应用。

（一）判断题

1. 黏性土的物理状态是指其密实度。（　　）

2. 砂土和碎石土的状态是考虑其密实程度。（　　）

3. 土松而湿则强度低且压缩性大。（　　）

4. 饱和的松散砂土，容易发生流土等工程问题。（　　）

5. 采用天然孔隙比判别砂土的密实度时，没有考虑土的级配情况影响。（　　）

6. 砂土处于最密实状态时，其相对密度接近于 1.0。（　　）

7. 砂土的孔隙比越大，表明砂土越密实。（　　）

8. 砂土的相对密度越大，表明砂土越密实。（　　）

9. 测定砂土的最大干密度、最小干密度时，采用的是天然状态的砂土。（　　）

10. 砂土密实度可根据标准贯入试验锤击数的实测值划分。（　　）

11. 标准贯入试验采用质量为 63.5kg 的穿心锤，以 100cm 的落距自由下落。（　　）

12. 标准贯入试验的锤击数是标准贯入器打入土中 30cm 的击数。（　　）

13. 重型圆锥动力触探击数用来判定其砂土的密实度。（　　）

14. 黏性土由可塑状态转到流动状态的界限含水率称为液限。（　　）

15. 黏性土由半固态转到可塑状态的界限含水率称为塑限。（　　）

16. 黏性土由固态转到半固态状态的界限含水率称为塑限。（　　）

17. 黏性土由固态转到半固态状态的界限含水率称为缩限。（　　）

18. 处于固体状态的黏性土，其体积会随着含水率的减少而减小。（　　）

19. 处于可塑状态的黏性土，其体积会随着含水率的减少而减小。（　　）

20. 处于半固体状态的黏性土，其体积会随着含水率的减少而减小。（　　）

21. 液塑限联合测定法圆锥仪的质量为 86kg。（　　）

22. 液塑限联合测定法圆锥仪的质量为 76g。（　　）

23. 经试验得知液塑限联合测定法圆锥仪入土深度大于 17mm，则土样的含水率大于其液限。（　　）

24. 经试验得知液塑限联合测定法圆锥仪入土深度为 17mm，则土样的含水率等于其液限。（　　）

25. 经试验得知液塑限联合测定法圆锥仪入土深度为 2mm，则土样的含水率等于其液限。（　　）

26. 黏性土的塑性指数可通过试验测定。（　　）

27. 黏性土的塑性指数与天然含水率无关。（　　）

28. 黏性土的液性指数可通过试验测定。（　　）

29. 黏性土的塑性指数越大，表明土的状态越软。（　　）

30. 黏性土的塑性指数表明了土处于可塑状态的含水率的变化范围。（　　）

31. 黏性土的塑性指数越大，表明土中所含的黏土矿物越多。（　　）

32. 塑性指数是黏性土液限与塑限的差值，去掉百分号。（　　）

33. 砂土同样具有可塑性。（　　）

34. 黏性土的液性指数是表示土的天然含水率与界限含水率相对关系的指标。（　　）

35. 黏性土的液性指数与天然含水率无关。（　　）

36. 工程上常用塑性指数对黏性土进行分类。（　　）

37. 根据塑性指数的大小，可对黏性土物理状态进行分类。（　　）

38. 土的塑性指数可以大于1。（　　）

39. 土的塑性指数可以小于0。（　　）

40. 黏性土的液性指数越大，抵抗外力的能力越小。（　　）

41. 土的液性指数小于0时，表明土处于可塑状态。（　　）

42. 土的液性指数为0.89时，土处于可塑状态。（　　）

43. 土的液性指数为0.32时，土处于可塑状态。（　　）

44. 土的液性指数为0.58时，表明土处于流塑状态。（　　）

45. 土的液性指数大于1时，表明土处于流塑状态。（　　）

46. 黏性土的结构受到破坏后，土的强度随之降低，压缩性增大。（　　）

47. 灵敏度是饱和黏性土原状土的无侧限抗压强度与重塑土的无侧限抗压强度之比。（　　）

48. 饱和黏性土的结构受到扰动导致强度降低，但停止扰动后部分土的强度又随时间变化而逐渐增长。（　　）

49. 无黏性土具有触变性的特点。（　　）

50. 饱和黏性土具有触变性的特点。（　　）

51. 测定砂土的最大孔隙比时，将称取的砂土700g倒入1000mL的锥形瓶中进行读数。（　　）

52. 测定砂土的最小孔隙比时，将称取的砂土样分三次装入容器中进行击打。（　　）

53. 试验测定砂土的最大孔隙比0.892，最小孔隙比0.531，天然孔隙比0.683，相对密度为0.58。（　　）

54. 试验测定砂土的相对密度为0.61，则该砂土处于密实状态。（　　）

55. 称取风干砂土700g，经测定最松散状态体积623mL，它的比重2.65，它的最大孔隙比为1.366。（　　）

56. 一土样天然含水率25.6%，液限46.3，塑限24.8，液性指数为0.21。（　　）

57. 土样原状样的无侧限抗压强度21.3kPa，重塑土的无侧限抗压强度12.5kPa，它的灵敏度为2.1。（　　）

58. 试验测定砂土的最大孔隙比0.951，最小孔隙比0.503，相对密度为0.62，则天然孔

隙比 0.621。（　　　）

59. 液塑限联合测定法要求控制三个圆锥入土深度，并分别测定其含水率。（　　　）

60. 液塑限联合测定法使用单对数坐标纸绘制关系线。（　　　）

61. 土的塑限、液限、液性指数在使用时均可去掉百分号。（　　　）

62. 土的界限含水率对黏性土的分类和工程性质的评价无实际意义。（　　　）

63. 液、塑限联合试验原则上采用天然含水率的土样制备试样。（　　　）

64. 液、塑限联合试验不允许用风干土制备试样。（　　　）

65. 液、塑限联合试验圆锥落下 10s 后测读圆锥下沉深度。（　　　）

66. 土样液限 42.1%，塑限 24.5%，液性指数为 0.28，则天然含水率为 29.4%。（　　　）

67. 土样原状样的无侧限抗压强度 26.8kPa，灵敏度为 3.6，它的重塑土的无侧限抗压强度 7.4kPa。（　　　）

68. 相对密度试验时用砂面拂平器将砂面拂平，然后测读砂样体积，估读至 5mL。（　　　）

69. 相对密度试验最大干密度测定时，击锤击实的时间一般为 1～5min。（　　　）

70. 相对密度试验最大干密度测定锤击时，粗砂可用较少击数，细砂应用较多击数。（　　　）

71. 轻型和重型圆锥动力触探的指标可分别用 N_{10} 和 $N_{63.5}$ 符号表示。（　　　）

72. 土力学中将土的物理状态分为固态、半固态、可塑状态和流动状态四种状态，其界限含水率分别为缩限、塑限和液限。（　　　）

73. 塑性指数可用于划分细粒土的类型。（　　　）

74. 液性指数不能小于零。（　　　）

75. 已知某砂土测得 $e=0.980$，$e_{max}=1.35$，$e_{min}=0.850$，则其相对密度 D_r 为 0.74。（　　　）

76. 某土样的液限 $\omega_L=38.2\%$，塑限 $\omega_P=21.5\%$，则该土的塑性指数为 15.2。（　　　）

77. 对砂土密实度的判别一般采用孔隙比法、相对密实度法和标准贯入试验法。（　　　）

78. 已知砂土的天然孔隙比为 $e=0.303$，最大孔隙比 $e_{max}=0.762$，最小孔隙比 $e_{min}=0.114$，则该砂土处于密实状态。（　　　）

79. 土的灵敏度越高，结构性越强，其受扰动后土的强度降低就越明显。（　　　）

80. 土的液限是指土进入流动状态时的含水率，天然土的含水率最大不超过液限。（　　　）

81. $I_L \leqslant 0$ 时，黏性土处于坚硬状态。（　　　）

82. 测定黏性土液限的方法有搓滚法。（　　　）

83. 饱和黏性土触变性是黏性土在含水率不变的情况下，结构扰动后强度又会随时间而增长的性质。（　　　）

84. 常用的测试界限含水率的方法有搓滚法和液塑限联合测定法。（　　　）

85. 对于同一种土，孔隙比或孔隙率越大表明土越疏松，反之越密实。（　　　）

86. 若土处于固体状态时，其含水率为零。（　　　）

87. 土的界限含水率是土体的固有指标，与环境变化无关。（　　　）

88. 土的液限含水率是表示土的界限含水率的唯一指标。（　　　）

89. 无论什么土，都具有可塑性。（　　　）

90. 相对密实度 D_r 主要用于比较不同砂土的密实度大小。（　　　）

91. 两种不同的黏性土，其天然含水率相同，则其软硬程度相同。（　　）

92. 地下水位上升时，在浸湿的土层中，其比重和孔隙比将增大。（　　）

93. 搓滚法中只要土体断裂，此时含水率就是塑限。（　　）

94. 土体界限含水率之间的关系为：$\omega_L > \omega_P > \omega_s$。（　　）

（二）单项选择题

1. 下列关于土的物理状态的说法错误的是（　　）。
   A. 土的物理状态主要反映土的松密程度和软硬程度
   B. 无黏性土主要的物理状态是密实度
   C. 黏性土主要的物理状态是稠度
   D. 无黏性土主要的物理状态指标是稠度

2. 下列关于饱和松散砂土的说法错误的是（　　）。
   A. 饱和松散的砂土具有较高的强度
   B. 饱和松散的砂土具有较高的压缩性
   C. 饱和松散的砂土具有较高的透水性
   D. 饱和松散的砂土具有较低的强度

3. 下列容易发生流沙、液化等工程问题的是（　　）。
   A. 密实的砂土　　　B. 松散的碎石土　　　C. 饱和的松散砂土　D. 黏性土

4. 下列关于孔隙比的说法错误的是（　　）。
   A. 孔隙比是土中孔隙体积与土颗粒体积的比值
   B. 孔隙比是土中孔隙体积与土总体积的比值
   C. 砂土的天然孔隙比可用来判别土的密实度
   D. 利用天然孔隙比来判别砂土的密实度时，未考虑土的级配情况影响

5. 划分砂土密实度的指标是（　　）。
   A. 最小孔隙比　　　　　　　　　B. 砂土相对密度
   C. 轻型触探试验击数　　　　　　D. 重型圆锥动力触探试验锤击数

6. 砂土处于最松散状态时，其相对密度接近于（　　）。
   A. 0　　　　　　　B. 0.3　　　　　　C. 0.5　　　　　　D. 1.0

7. 关于砂土最小孔隙比的说法错误的是（　　）。
   A. 测定砂土最小孔隙比时采用的是天然状态的砂土
   B. 测定砂土最小孔隙比时采用的是松散的风干的砂土
   C. 砂土的最小孔隙比相应于砂土处于最密实状态的孔隙比
   D. 砂土的最小孔隙比是由测定其相应的最大干密度后计算而得

8. 关于砂土最大孔隙比的说法正确的是（　　）。
   A. 测定砂土最大孔隙比时采用的是天然状态的砂土
   B. 测定砂土最大孔隙比时采用的是松散的风干的砂土
   C. 砂土的最大孔隙比相应于砂土处于最密实状态的孔隙比
   D. 砂土的最大孔隙比是由测定其相应的最大干密度后计算而得

9. 某砂土的比重为2.65，最小干密度为1.40g/cm³，则其最大孔隙比为（　　）。

A. 1. 1   B. 0. 893   C. 0. 559   D. 0. 472

10. 某砂土的比重为 2.65，最大干密度为 $1.69g/cm^3$，最小干密度为 $1.52g/cm^3$，则其最小孔隙比为（   ）。

     A. 1. 1   B. 0. 813   C. 0. 568   D. 0. 472

11. 某砂土的比重为 2.66，天然状态下的密度为 $1.78g/cm^3$，含水率为 21.3%，最大干密度为 $1.71g/cm^3$，最小干密度为 $1.35g/cm^3$，则其相对密度为（   ）。

     A. 0. 39   B. 0. 89   C. 0. 45   D. 0. 32

12. 某砂土的比重为 2.66，天然状态下的干密度为 $1.59g/cm^3$，最大干密度为 $1.71g/cm^3$，最小干密度为 $1.44g/cm^3$，则其密实度为（   ）。

     A. 松散   B. 中密   C. 密实   D. 稍密

13. 某场地勘察时在地下 10m 处砂土层进行标准贯入试验一次，实测其锤击数为 40，则该点砂土密实度为（   ）。

     A. 密实   B. 中密   C. 稍密   D. 松散

14. 某场地勘察时在地下 5m 处砂土层进行标准贯入试验一次，实测其锤击数为 16，则该点砂土密实度为（   ）。

     A. 密实   B. 中密   C. 稍密   D. 松散

15. 某场地勘察时在地下 6m 处砂土层进行标准贯入试验一次，实测其锤击数为 8，场地地下水位 2.0m，则该点砂土密实度为（   ）。

     A. 密实   B. 中密   C. 稍密   D. 松散

16. 下列指标中，哪一个数值越大，表明土体越松散？（   ）

     A. 相对密度   B. 孔隙比

     C. 标准贯入试验锤击数   D. 重型圆锥动力触探锤击数

17. 下列关于标准贯入试验的说法错误的是（   ）。

     A. 标准贯入试验是一种现场原位测试方法

     B. 标准贯入试验的标准锤重为 63.5kg

     C. 标准贯入试验的落距为 76cm

     D. 标准贯入试验是一种室内试验方法

18. 下列关于标准贯入试验锤击数的说法正确的是（   ）。

     A. 进行砂土的密实度判别时采用实测的锤击数

     B. 进行砂土的密实度判别时采用修正的锤击数

     C. 标准贯入试验的锤击数是以贯入器贯入土中 30mm 作为标准的

     D. 任何情况下，标准贯入试验的锤击数都不能进行修正

19. 重型圆锥动力触探试验是记录探头打入碎石土中（   ）击数。

     A. 10cm   B. 30cm   C. 20cm   D. 15cm

20. 《土工试验方法标准》（GB/T 50123—2019）液塑限联合测定法最少依据几个圆锥入土深度绘制曲线？（   ）

     A. 6   B. 4   C. 5   D. 3

21. 《土工试验方法标准》（GB/T 50123—2019）液塑限联合测定法绘制曲线使用的坐标

是（　　　）。

    A. 单对数坐标　　　B. 直角坐标　　　C. 双对数坐标　　　D. 极坐标

22. 《土工试验方法标准》（GB/T 50123—2019）液塑限联合测定法绘制曲线使用的坐标是（　　　）的关系。

    A. 含水率与孔隙比　　　　　　　　B. 含水率与液限

    C. 圆锥入土深度与含水率　　　　　D. 含水率与比重

23. 《土工试验方法标准》（GB/T 50123—2019）测定土的塑限时，可采用的测定方法有（　　　）。

    A. 烘干法　　　B. 密度计法　　　C. 搓滚法　　　D. 收缩皿法

24. 《土工试验方法标准》（GB/T 50123—2019）测定土的液限时，可采用的测定方法有（　　　）。

    A. 烘干法　　　B. 碟式液限仪　　　C. 搓滚法　　　D. 收缩皿法

25. 测定土的缩限时，可采用的测定方法为（　　　）。

    A. 烘干法　　　B. 密度计法　　　C. 搓滚法　　　D. 收缩皿法

26. 下列关于标准贯入试验和重型圆锥动力触探的说法正确的是（　　　）。

    A. 两者使用的锤重相同

    B. 两者穿心锤的自由下落的距离不相同

    C. 两者锤击数的判定标准相同

    D. 标准贯入试验锤击数的大小都能反映土层的密实程度，而重型圆锥动力触探试验的锤击数不能反映土层的密实程度

27. 《土工试验方法标准》（GB/T 50123—2019）碟式液限仪的铜碟反复起落，连续下落后，含水率达到液限时土槽合拢长度为（　　　）。

    A. 13mm　　　B. 15mm　　　C. 17mm　　　D. 25mm

28. 《土工试验方法标准》（GB/T 50123—2019）碟式液限仪的铜碟反复起落，连续下落后土槽合拢长度为 13mm 时的含水率即为（　　　）。

    A. 液限　　　B. 塑限　　　C. 缩限　　　D. 塑性指数

29. 搓滚法可以确定的界限含水率为（　　　）。

    A. 液限　　　B. 塑限　　　C. 缩限　　　D. 塑性指数

30. 土的体积不再随含水率减小而减小的界限含水率是（　　　）。

    A. 液限　　　B. 塑限　　　C. 缩限　　　D. 塑性指数

31. 土由固态转入半固态的界限含水率被称为（　　　）。

    A. 液限　　　B. 塑限　　　C. 缩限　　　D. 塑性指数

32. 土由半固态转入可塑状态的界限含水率被称为（　　　）。

    A. 液限　　　B. 塑限　　　C. 缩限　　　D. 塑性指数

33. 土由可塑状态转入流动状态的界限含水率被称为（　　　）。

    A. 液限　　　B. 塑限　　　C. 缩限　　　D. 塑性指数

34. 《公路土工试验规程》（JTG 3430—2020）细粒土分类用到的指标是（　　　）。

    A. 液限　　　B. 含水率　　　C. 缩限　　　D. 液性指数

35. 当黏性土含水率减小，土体体积不再减小，土样所处的状态是(　　)。

A. 固体状态　　　　B. 可塑状态　　　　C. 流动状态　　　　D. 半固态状态

36. 某土样的天然含水率为25.3%，液限为40.8%，塑限为22.7%，其塑性指数为(　　)。

A. 17.3　　　　　　B. 17.6　　　　　　C. 18.1　　　　　　D. 17.5

37. 某土样的天然含水率为28.0%，液限为42.8%，塑限为26.6%，其液性指数为(　　)。

A. 0.08　　　　　　B. 0.10　　　　　　C. 0.07　　　　　　D. 0.09

38. 某土样的天然含水率为27.8%，液限为36.7%，塑限为20.2%，此黏性土的物理状态为(　　)。

A. 硬塑　　　　　　B. 可塑　　　　　　C. 软塑　　　　　　D. 流塑

39. 某土样的液限为39.1%，塑限为23.6%，此黏性土的塑性指数为(　　)。

A. 13.6　　　　　　B. 15.5　　　　　　C. 15.8　　　　　　D. 15.7

40. 某土样的天然含水率为28%，液限为34.0%，塑限为18.0%，此黏性土的液性指数为(　　)。

A. 0.63　　　　　　B. 0.38　　　　　　C. 0.82　　　　　　D. 0.16

41. 某土样的塑性指数为18.6，液限为48.2%，塑限为(　　)。

A. 29.6%　　　　　B. 29.5%　　　　　C. 29.3%　　　　　D. 29.7%

42. 某土样的塑性指数为13.9，塑限为21.8%，液限为(　　)。

A. 36.2%　　　　　B. 35.9%　　　　　C. 35.7%　　　　　D. 35.8%

43. 某土样的天然含水率为45%，液性指数为1.21%，液限为41.3%，塑限为(　　)。

A. 23.7%　　　　　B. 23.9%　　　　　C. 23.5%　　　　　D. 23.2%

44. 反映黏性土软硬程度的指标是(　　)。

A. 液限　　　　　　B. 塑限　　　　　　C. 塑性指数　　　　D. 液性指数

45. 《土工试验方法标准》(GB/T 50123—2019)液塑限联合测定法测定液限时，液限采用的值为(　　)。

A. 76g 圆锥仪沉入土中 15mm 深度的含水率

B. 76g 圆锥仪沉入土中 17mm 深度的含水率

C. 100g 圆锥仪沉入土中 10mm 深度的含水率

D. 100g 圆锥仪沉入土中 17mm 深度的含水率

46. 《土工试验方法标准》(GB/T 50123—2019)液塑限联合测定法测定塑限时，塑限采用的值为(　　)。

A. 76g 圆锥仪沉入土中 2mm 深度的含水率

B. 76g 圆锥仪沉入土中 17mm 深度的含水率

C. 100g 圆锥仪沉入土中 2mm 深度的含水率

D. 100g 圆锥仪沉入土中 17mm 深度的含水率

47. 下面关于土的结构性的说法错误的是(　　)。

A. 天然状态下的黏性土具有一定的结构性

B. 黏性土的结构性破坏后，土的强度随着降低

C. 黏性土的结构性破坏后，压缩性减小

D. 黏性土的结构性破坏后，压缩性增大

48. 土的灵敏度是指（　　）。

　　A. 原状土的侧限抗压强度与重塑土的侧限抗压强度的比值

　　B. 原状土的侧限抗压强度与原状土的无侧限抗压强度的比值

　　C. 原状土的无侧限抗压强度与重塑土的无侧限抗压强度的比值

　　D. 重塑土的侧限抗压强度与重塑土的侧限抗压强度的比值

49. 测定灵敏度时，原状土和重塑土试样具有不同的（　　）。

　　A. 密度　　　　　　B. 含水率　　　　　C. 试样的尺寸　　　D. 结构性

50. 某饱和黏土的原状土无侧限抗压强度为28kPa，重塑土的无侧限抗压强度为10kPa，则此饱和黏土的灵敏度、灵敏性分类为（　　）。

　　A. 2.8，低灵敏度　　B. 2.8，中灵敏度　　C. 10，高灵敏度　　D. 10，中灵敏度

51. 《土工试验方法标准》（GB/T 50123—2019）中相对密度试验适用于颗粒粒径小于5mm的（　　）。

　　A. 黏土　　　　　　　　　　　　　B. 碎石

　　C. 能自由排水的砂砾土　　　　　　D. 粉土

52. 《土工试验方法标准》（GB/T 50123—2019）相对密度试验测定最大孔隙比时，体积应估读至（　　）。

　　A. 5mL　　　　　　B. 0.5mL　　　　　C. 10mL　　　　　D. 15mL

53. 《土工试验方法标准》（GB/T 50123—2019）相对密度试验测定最小孔隙比时，击锤击实的时间为（　　）。

　　A. 5～20min　　　　B. 5～10min　　　　C. 1～5min　　　　D. 15～20min

54. 《土工试验方法标准》（GB/T 50123—2019）相对密度试验测定最小孔隙比时，击锤对土样每分钟击实次数为（　　）。

　　A. 5～20次　　　　　B. 10～60次　　　　C. 5～10次　　　　D. 30～60次

55. 《土工试验方法标准》（GB/T 50123—2019）中界限含水率试验适用于粒径（　　）的土。

　　A. 小于1.5mm　　　B. 大于0.5mm　　　C. 小于0.5mm　　　D. 大于1.5mm

56. 《土工试验方法标准》（GB/T 50123—2019）中界限含水率试验适用于（　　）的土。

　　A. 有机质含量不大于干土质量5%　　　B. 有机质含量不小于干土质量5%

　　C. 有机质含量不大于干土质量10%　　　D. 有机质含量不小于干土质量10%

57. 《土工试验方法标准》（GB/T 50123—2019）液塑限联合测定法当采用天然含水率的土样制备试样时，应剔除的颗粒为（　　）。

　　A. 大于1.5mm　　　B. 大于0.5mm　　　C. 小于0.5mm　　　D. 大于0.05mm

58. 某土样的液限为35.6%，塑限为19.3%，液性指数为0.58，此黏性土的天然含水率为（　　）。

　　A. 28.1%　　　　　B. 28.5%　　　　　C. 28.8%　　　　　D. 29.8%

59. 土样的液限为41.1%，液性指数为0.33，天然含水率为25.7%，此土的塑限为（　　）。

　　A. 18.1%　　　　　B. 18.5%　　　　　C. 11.8%　　　　　D. 18.9%

60. 土样的塑限为24.2%，液性指数为0.36，天然含水率为27.5%，此土的液限为（   ）。

    A. 33.2%　　　　　B. 33.6%　　　　　C. 33.5%　　　　　D. 33.4%

61. 砂土的比重为2.66，最小干密度为1.42g/cm³，则其最大孔隙比为（   ）。

    A. 0.852　　　　　B. 0.879　　　　　C. 0.873　　　　　D. 0.783

62. 砂土的最大孔隙比0.887，最小孔隙比为0.516，相对密度0.52，则其天然孔隙比为（   ）。

    A. 0.696　　　　　B. 0.694　　　　　C. 0.964　　　　　D. 0.691

63. 砂土的最大孔隙比0.813，最小干密度为1.46g/cm³，则其比重为（   ）。

    A. 2.65　　　　　B. 2.66　　　　　C. 2.67　　　　　D. 2.64

64. 砂土的最小孔隙比0.536，最大干密度为1.72g/cm³，则其比重为（   ）。

    A. 2.65　　　　　B. 2.66　　　　　C. 2.68　　　　　D. 2.64

65. 砂土的最小孔隙比0.536，最小干密度为1.44g/cm³，比重为2.66，天然孔隙比为0.741，则其相对密度为（   ）。

    A. 0.34　　　　　B. 0.36　　　　　C. 0.32　　　　　D. 0.31

66. 不能判断砂土密实度的指标是（   ）。

    A. 孔隙比　　　　B. 相对密度　　　　C. 塑限　　　　D. 标贯击数

67. 能够判断碎石土密实度的指标是（   ）。

    A. e　　　　　B. D_r　　　　　C. ω_L　　　　　D. $N_{63.5}$

68. 下列哪个不是砂土密实度的类型？（   ）

    A. 中密　　　　B. 硬塑　　　　C. 密实　　　　D. 松散

69. 下列哪个是黏性土状态的类型？（   ）

    A. 中密　　　　B. 软塑　　　　C. 密实　　　　D. 松散

70. 对黏性土状态划分起作用的指标是（   ）。

    A. 含水率　　　　B. 密度　　　　C. 比重　　　　D. 缩限

71. 无黏性土的物理状态一般用（   ）表示。

    A. 密实度　　　　B. 密度　　　　C. 稠度　　　　D. 硬度

72. 下列指标中，不能用来表示砂土的密实状态的指标是（   ）。

    A. 孔隙比　　　　B. 相对密度　　　　C. 有效密度　　　　D. 标准贯入锤击数

73. 某砂性土天然孔隙比 $e=0.800$，已知该砂土最大孔隙比 $e_{max}=0.900$，最小孔隙比 $e_{min}=0.640$，用相对密度来判断该土的密实程度为（   ）。

    A. 密实　　　　B. 中密　　　　C. 松散　　　　D. 硬塑

74. 对某砂土进行标准贯入试验，测得其标准贯入锤击数 $N=7$ 击，则其密实程度为（   ）。

    A. 密实　　　　B. 松散　　　　C. 中密　　　　D. 稍密

75. 某粗砂的天然孔隙比 $e=0.462$，则初步判断其密实程度为（   ）。

    A. 密实　　　　B. 松散　　　　C. 中密　　　　D. 稍密

76. 黏性土从塑态向液态转变的分界含水率是（   ）。

    A. 液限　　　　B. 塑限　　　　C. 缩限　　　　D. 塑性指数

77. 塑性指数越大，说明（   ）。

A. 土粒越粗

B. 黏粒含量越少

C. 颗粒亲水能力越强

D. 土体处在可塑状态时的含水率变化的区间越小

78. 从某地基中取原状黏性土样，测得土的液限为 56，塑限为 15，天然含水率为 40%，试判断地基土处于（　　）状态。

    A. 坚硬 　　　　　B. 可塑 　　　　　C. 软塑 　　　　　D. 流塑

79. 黏性土从半固态向塑态转变的分界含水率是（　　）。

    A. 液限 　　　　　B. 塑限 　　　　　C. 缩限 　　　　　D. 塑性指数

80. 黏性土随着含水率的减小，体积不再收缩的状态是（　　）。

    A. 半固态 　　　　B. 固态 　　　　　C. 塑态 　　　　　D. 液态

81. 某土的液性指数为 2，则该土处于（　　）状态。

    A. 坚硬 　　　　　B. 可塑 　　　　　C. 软塑 　　　　　D. 流塑

82. 对黏性土的性质影响最大的水是（　　）。

    A. 地表水 　　　　B. 弱结合水 　　　C. 强结合水 　　　D. 毛细水

83. 判别黏性土的状态的依据是（　　）。

    A. 塑限 　　　　　B. 塑性指数 　　　C. 液限 　　　　　D. 液性指数

84. 在判别黏性土的状态时，除了需要有液限、塑限指标外，还需要土体的（　　）。

    A. 天然密度 　　　B. 天然含水率 　　C. 比重 　　　　　D. 容重

85. 重型圆锥动力触探试验适用于判断（　　）土体的密实程度。

    A. 黏性土 　　　　B. 砂土 　　　　　C. 碎石土 　　　　D. 以上均可以

86. 某砂性土的相对密度 $D_r=0.5$，其最大孔隙比为 0.780，最小孔隙比为 0.350，则其天然孔隙比为（　　）。

    A. 0.390 　　　　 B. 0.565 　　　　 C. 0.215 　　　　 D. 0.25

87. 以下数值不可能是相对密度 D_r 值的是（　　）。

    A. 0 　　　　　　 B. 1.5 　　　　　 C. 0.76 　　　　　D. 0.99

88. 某黏性土样，测得土的液限为 56.0，塑限为 28.2，液性指数为 0，则该土的天然含水率为（　　）。

    A. 56.0% 　　　　 B. 28.2% 　　　　 C. 20.5% 　　　　 D. 35.5%

89. 某黏性土样，测得土的液限为 56.0，塑限为 27.8，液性指数为 1，则该土的天然含水率为（　　）。

    A. 56.0% 　　　　 B. 27.8% 　　　　 C. 20.5% 　　　　 D. 35.5%

90. 某黏性土样，测得土的液限为 54.6，塑限为 26.4，液性指数为 0.5，则该土的天然含水率为（　　）。

    A. 54.6% 　　　　 B. 26.4% 　　　　 C. 20.5% 　　　　 D. 40.5%

91. 以下可以用来测定土体的塑限的方法是（　　）。

    A. 收缩皿法 　　　B. 搓滚法 　　　　C. 烘干法 　　　　D. 环刀法

92. 黏性土根据土体的含水率变化情况，一般可以分为（　　）种状态。

A. 5   B. 4   C. 3   D. 2

93. 黏性土共有（　　）种界限含水率。

     A. 5   B. 3   C. 4   D. 2

94. 已知某黏性土处于软塑状态，则下列数值不可能是其液性指数的是（　　）。

     A. 0.85   B. 0.95   C. 0.75   D. 1

95. 工程上常用黏性土的（　　）含水率与液、塑限的相对关系来表示黏性土的状态。

     A. 饱和   B. 天然   C. 最优   D. 缩限

96. 如果黏性土的（　　）含量越多，那么 I_P 值越大。

     A. 砾粒   B. 黏粒   C. 粉粒   D. 砂粒

97. 有 a、b、c、d 四种土样，测得其黏粒含量分别为 10%、13%、45%、22%，塑性指数最大的是（　　）。

     A. a   B. b   C. c   D. d

98. 某饱和黏性土的灵敏度 $S_t = 5$，则该土属于（　　）灵敏度土。

     A. 低   B. 中   C. 稍高   D. 高

99. 标准贯入试验适用于判断（　　）的密实程度。

     A. 黏性土   B. 碎石土   C. 砂土   D. 以上均可以

100. 某饱和黏性土的灵敏度 $S_t = 3$，则该土属于（　　）灵敏度土。

     A. 低   B. 中   C. 稍高   D. 高

（三）多项选择题

1. 下列关于饱和松散砂土的说法正确的是（　　）。

     A. 饱和松散的砂土容易产生流沙、液化等工程事故

     B. 饱和松散的砂土具有较低的压缩性

     C. 饱和松散的砂土具有孔隙比会大一些

     D. 饱和松散的砂土具有可塑性

2. 根据标准贯入锤击数可将砂土密实度划分为（　　）。

     A. 密实   B. 中密   C. 稍密   D. 松散

3. 划分砂土密实度的指标有（　　）。

     A. 天然孔隙比   B. 相对密度

     C. 标准贯入试验锤击数   D. 重型圆锥动力触探试验锤击数

4. 密实状态的无黏性土可用作良好天然地基的原因有（　　）。

     A. 密实状态的无黏性土具有较高的强度

     B. 密实状态的无黏性土透水性较好

     C. 密实状态的无黏性土具有较低的压缩性

     D. 密实状态的无黏性土容易发生液化

5. 下列关于孔隙比的说法正确的是（　　）。

     A. 孔隙比是土中孔隙体积与土颗粒体积的比值

     B. 孔隙比是土中孔隙体积与土总体积的比值

     C. 砂土的天然孔隙比可用来判别密实度

D. 利用天然孔隙比来判别碎石土的密实度

6. 黏性土的界限含水率有（　　）。

    A. 缩限　　　　　　　B. 液限　　　　　　　C. 塑限　　　　　　　D. 塑性指数

7. 关于砂土最小孔隙比的说法错误的是（　　）。

    A. 测定砂土最小孔隙比时采用的是天然状态的砂土

    B. 测定砂土最小孔隙比时采用的是风干的砂土

    C. 砂土的最小孔隙比可以直接由试验测定

    D. 砂土的最小孔隙比是由测定其相应的最大干密度后换算而得

8. 关于砂土最大孔隙比的说法正确的是（　　）。

    A. 测定砂土最大孔隙比时采用的是天然状态的砂土

    B. 测定砂土最大孔隙比时采用的是风干的砂土

    C. 砂土的最大孔隙比可以直接由试验测定

    D. 砂土的最大孔隙比是测定后计算的

9. 根据砂土的相对密度可将砂土密实度划分为（　　）。

    A. 密实　　　　　　　B. 中密　　　　　　　C. 稍密　　　　　　　D. 松散

10. 下列关于标准贯入试验和重型圆锥动力触探的说法正确的是（　　）。

    A. 两者使用的锤质量相同

    B. 两者穿心锤的自由下落距离相同

    C. 两者锤击数的判定标准相同

    D. 锤击数的大小都不能反映土层的密实程度

11. 可通过试验实测得到的指标有（　　）。

    A. 缩限　　　　　　　B. 液限　　　　　　　C. 塑限　　　　　　　D. 塑性指数

12. 能够确定黏性土液限的方法有（　　）。

    A. 收缩皿法　　　　　B. 搓滚法　　　　　　C. 蝶式液限仪试验　　D. 液塑限联合测定法

13. 能够确定黏性土塑限的方法有（　　）。

    A. 收缩皿法　　　　　B. 搓滚法　　　　　　C. 蝶式液限仪试验　　D. 液塑限联合测定法

14. 下列关于土的液限的说法正确的有（　　）。

    A. 土的液限是指土进入流动状态时的界限含水率

    B. 天然土的含水率最大不超过液限

    C. 天然土的含水率可以超过液限

    D. 土的液限一定大于相应土的塑限

15. 某砂土的比重为 2.66，天然状态下的干密度为 $1.55g/cm^3$，最大干密度为 $1.76g/cm^3$，最小干密度为 $1.48g/cm^3$，则其相对密度及密实度为（　　）。

    A. 0.28　　　　　　　B. 松散　　　　　　　C. 0.33　　　　　　　D. 密实

16. 某砂土的比重为 2.65，最大干密度为 $1.79g/cm^3$，最小干密度为 $1.45g/cm^3$，则其最大和最小孔隙比为（　　）。

    A. 0.828　　　　　　B. 0.825　　　　　　C. 0.483　　　　　　D. 0.480

17. 某土样的天然含水率为 43.6%，液性指数为 0.97，液限为 44.3，塑限及状态为（　　）。

A. 21.0％　　　　　　B. 23.9％　　　　　　C. 软塑　　　　　　D. 可塑

18. 某土样的天然含水率为 43.6％，塑性指数为 25.1，液限为 46.3％，塑限及液性指数为（　　）。

A. 21.5％　　　　　　B. 21.2％　　　　　　C. 0.89％　　　　　D. 0.92％

19. 某土样的天然含水率为 35.2％，塑性指数为 16.1，塑限为 22.8％，液限及状态为（　　）。

A. 38.9％　　　　　　B. 38.7％　　　　　　C. 软塑　　　　　　D. 坚硬

20. 根据灵敏度的大小可将黏性土分为（　　）。

A. 高灵敏度　　　　　B. 中灵敏度　　　　　C. 低灵敏度　　　　D. 流动状态

21. 某饱和黏土的原状土无侧限抗压强度为 18.9kPa，重塑土的无侧限抗压强度为 8.2kPa，则此饱和黏土的灵敏度大小及分类为（　　）。

A. 2.8　　　　　　　B. 2.3　　　　　　　C. 高灵敏度　　　　D. 中灵敏度

22. 不能够判断碎石土密实度的指标是（　　）。

A. e　　　　　　　B. D_r　　　　　　　C. ω_L　　　　　　D. $N_{63.5}$

23. 下列哪个不是黏性土状态的类型？（　　）

A. 中密　　　　　　B. 软塑　　　　　　C. 密实　　　　　　D. 松散

24. 《土工试验方法标准》（GB/T 50123—2019）液塑限联合测定法使用的圆锥仪锥质量及锥角为（　　）。

A. 100g　　　　　　B. 76g　　　　　　　C. 60°　　　　　　D. 30°

25. 《土工试验方法标准》（GB/T 50123—2019）液塑限联合测定法使用的关系图及查得下沉深度为 17mm 所对应的含水率分别为（　　）。

A. 塑限　　　　　　　　　　　　　　B. 圆锥下沉深度与含水率关系图
C. 液限　　　　　　　　　　　　　　D. 圆锥下沉深度与塑限关系图

26. 液塑限联合测定法使用的关系图及查得下沉深度为 2mm 所对应的含水率为（　　）。

A. 液限　　　　　　　　　　　　　　B. 圆锥下沉深度与含水率关系图
C. 圆锥下沉深度与塑限关系图　　　　D. 塑限

27. 相对密度试验测定最小孔隙比时，击锤击实的时间及每分钟击实次数为（　　）。

A. 5～10min　　　　B. 5～20min　　　　C. 30～60 次　　　D. 5～10 次

28. 某土样的塑限 21.5％，液性指数为 0.17，液限为 33.2％，天然含水率及状态为（　　）。

A. 23.5％　　　　　　B. 23.9％　　　　　　C. 软塑　　　　　　D. 硬塑

29 关于土的塑限和液限正确的是（　　）。

A. 塑限＝液限　　　B. 塑限＜液限　　　C. 都是界限含水率　D. 塑限＞液限

30. 关于土的液性指数正确的是（　　）。

A. $I_L = 0$　　　　　B. $I_L < 0$　　　　　C. $0 < I_L \leqslant 1$　　　D. $I_L > 1$

31. 关于土的塑性指数正确的是（　　）。

A. $I_P = 10$　　　　B. $I_P < 0$　　　　C. $I_P > 10$　　　　D. $I_P < 10$

32. 重型圆锥动力触探试验落锤的质量及落距为（　　）。

A. 63.5kg　　　　　B. 76cm　　　　　　C. 65.3kg　　　　　D. 67cm

33. 重型圆锥动力触探试验记录探头贯入碎石土的深度及锤击数符号为（　　）。

A. 10cm   B. 30cm   C. $N_{63.5}$ D. N

34. 标准贯入试验记录贯入砂土的深度及锤击数符号为(   )。

    A. 10cm   B. 30cm   C. $N_{63.5}$ D. N

35. 某砂性土天然孔隙比 $e=0.800$，已知该砂土最大孔隙比 $e_{max}=0.900$，最小孔隙比 $e_{min}=0.640$，则该土的相对密度及密实状态为(   )。

    A. 0.38   B. 0.62   C. 中密   D. 密实

36. 以下可以用来测定黏性土的界限含水率的方法是(   )。

    A. 收缩皿法   B. 搓滚法   C. 烘干法   D. 环刀法

37. 塑性指数越大，说明土的(   )。

    A. 土粒越细   B. 黏粒含量越多

    C. 颗粒亲水能力越强   D. 以上说法都不对

38. 某原状土样，测得土的液限为 56.0%，塑限为 22.0%，天然含水率为 40%，则以下说法正确的是(   )。

    A. 该土为软塑状态

    B. 该土为可塑状态

    C. 按照《土工试验方法标准》(GB/T 50123—2019) 划分该土为高液限黏土

    D. 按照《土工试验方法标准》(GB/T 50123—2019) 划分该土为低液限黏土

39. 在判别黏性土的状态时，需要知道土体的(   )指标。

    A. 缩限   B. 天然含水率   C. 液限   D. 塑限

40. 已知某砂土处于中密状态，则其相对密度 D_r 可以是(   )。

    A. 0.33   B. 0.43   C. 0.67   D. 0.77

41. 已知某黏性土处于软塑状态，则其液性指数可以是(   )。

    A. 0.75   B. 0.85   C. 1.0   D. 0.95

42. 土的灵敏度越高，则其(   )。

    A. 结构性越强   B. 土层结构越易受到扰动

    C. 受扰动后的强度降低越明显   D. 密度越大

43. 某土样原状土无侧限抗压强度为 51.6 kPa，重塑土无侧限抗压强度为 11.1 kPa，该土灵敏度和灵敏性为(   )。

    A. 高灵敏度土   B. 中灵敏度土   C. 4.65   D. 4.67

44. 液塑限联合测定法用到的仪器设备有(   )。

    A. 液塑限联合测定仪   B. 天平

    C. 铝盒   D. 台秤

45. 关于液塑限联合试验说法正确的是(   )。

    A. 原则上采用天然含水率土样制备试样，不允许用风干土制备试样

    B. 圆锥在自重下沉入试样 5s 后立即读读下沉深度

    C. 绘制关系曲线应以含水率为纵坐标，以圆锥下沉深度为横坐标

    D. 当三点不在一条直线上时，绘出两条直线，在入土深度 2mm 横线上的两交点含水率差值不小于 2% 时，应补做试验

第五部分 土的工程性质及应用

知识点:

本部分要求掌握土的各种工程性质的定义、性质指标的计算公式及试验检测方法、标准,并了解各种工程性质指标的相关工程应用。

(一) 判断题

1. 土的渗透性是指土体被水透过的性能。(   )

2. 达西定律适用于层流状态。(   )

3. 达西定律适用于紊流状态。(   )

4. 达西定律是法国工程师达西对均质砂土进行试验得出的层流状态的渗透规律。(   )

5. 水的渗透将引起土体内部应力状态发生变化。(   )

6. 任何情况下水的渗透都将使土体的稳定性变差。(   )

7. 达西定律表明水在土中的渗透速度与水力比降成正比。(   )

8. 达西定律表明水在土中的渗透速度与水力比降成反比。(   )

9. 水力比降是水头差与相应渗透路径的比值。(   )

10. 水在密实的黏土中发生渗流时,存在起始水力比降。(   )

11. 土的渗透系数是反映土透水性强弱的一个指标。(   )

12. 土的渗透系数会随着水头差的变化而变化。(   )

13. 抽水试验仅适用于粗粒土。(   )

14. 土的渗透系数的室内测定方法有常水头渗透试验和变水头渗透试验。(   )

15. 变水头渗透试验是一种现场原位测试方法。(   )

16. 抽水试验可以测定土的渗透系数。(   )

17. 常水头渗透试验过程中,水头保持为一常数。(   )

18. 变水头渗透试验过程中,渗透水头随时间而变化。(   )

19. 常水头渗透试验适用于粗粒土。(   )

20. 砂土的渗透系数可通过常水头渗透试验测定。(   )

21. 碎石土的渗透系数可通过变水头渗透试验测得。(   )

22. 渗流模型中的渗流速度等于真实的水流流速。(   )

23. 渗流模型中的渗流速度大于真实的水流流速。(   )

24. 土的颗粒越粗、越均匀,土的渗透性就越小。(   )

25. 土中含有的亲水性黏土矿物越多,土的渗透性越大。(   )

26. 土的密实度越大,土的渗透性越小。(   )

27. 在同一土层中可能发生的渗透变形的破坏形式有接触流失和接触冲刷两种形式。(   )

28. 土层在各个方向上的渗透系数都一样。(   )

29. 一般情况下土层在竖直方向的渗透系数比水平方向小。（　　）

30. 同一种土中，土中水的温度越高，相应的渗透系数越小。（　　）

31. 土中水的温度变化对土的渗透系数无影响。（　　）

32. 渗透力是指渗流作用在土颗粒上单位体积的作用力。（　　）

33. 渗透力是一种面积力。（　　）

34. 流土可以发生在土体的内部。（　　）

35. 渗透力的方向与渗流的方向一致。（　　）

36. 渗透力的大小与水力比降成正比。（　　）

37. 在同一土层中，可能发生的渗透变形的破坏形式有流土和管涌。（　　）

38. 流土往往发生在自下而上的渗流情况下。（　　）

39. 土的压缩系数、压缩模量和压缩指数是定值。（　　）

40. 流土的临界水力比降取决于土的物理性质，但与土的孔隙比无关。（　　）

41. 土的饱和密度越大，其发生流土时的临界水力比降也越大。（　　）

42. 土的有效密度越大，其发生流土时的临界水力比降越小。（　　）

43. 管涌是指在渗流作用下，土中的细颗粒透过大颗粒孔隙流失的现象。（　　）

44. 管涌是一种渐进性的渗透破坏形式。（　　）

45. 接触流失常发生在同一层土中。（　　）

46. 土的压缩曲线越陡，土的压缩性越高。（　　）

47. 土的压缩模量是在无侧限条件下测得的。（　　）

48. 土的压缩系数越大，土的压缩性越高。（　　）

49. 土的压缩模量越大，土的压缩性越高。（　　）

50. 欠固结土的超固结比大于1。（　　）

51. 正常固结土的超固结比等于1。（　　）

52. 未经夯实的新填土是正常固结土。（　　）

53. 超固结比是先期固结压力与现有的固结压力的比值。（　　）

54. 土的强度问题实质是土的抗压强度问题。（　　）

55. 土的抗剪强度指标是指土的黏聚力和土的内摩擦角。（　　）

56. 土的抗剪强度是定值。（　　）

57. 土的抗剪强度与剪切滑动面上的法向应力成正比。（　　）

58. 纯净砂土的黏聚力等于0。（　　）

59. 库仑定律表明土的抗剪强度与滑动面上的法向应力成反比。（　　）

60. 土中一点的应力状态可用莫尔应力圆表示。（　　）

61. 当抗剪强度线与莫尔应力圆相切时，表明土体处于极限平衡状态。（　　）

62. 当抗剪强度线处于莫尔应力圆上方时，表明土体处于破坏状态。（　　）

63. 土体发生剪切破坏时的破裂面是剪应力最大的作用面。（　　）

64. 土体的剪切破坏面与最大主应力作用面的夹角为 $45° + \dfrac{\varphi}{2}$。（　　）

65. 土体的剪切破坏面与最大主应力的作用方向的夹角为 $45° + \dfrac{\varphi}{2}$。（　　）

66. 无侧限抗压强度试验可适用于密实砂土。（　　）

67. 饱和软黏土的不排水抗剪强度等于其无侧限抗压强度。（　　）

68. 十字板剪切试验可测定碎石土的抗剪强度指标。（　　）

69. 土的颗粒越均匀，土的内摩擦角越小。（　　）

70. 黏性土的结构受到扰动后，其黏聚力会降低。（　　）

71. 直剪试验的剪切破坏面是沿土样最薄弱的面剪切破坏。（　　）

72. 直剪试验可以严格的控制排水条件。（　　）

73. 黏性土的击实曲线的峰值点对应的含水率为其最优含水率。（　　）

74. 黏性土处于饱和状态时，容易击实到最大的干密度。（　　）

75. 对于同一土料，即使击实功能不同，其所能得到的最大干密度必相同。（　　）

76. 粗粒土的击实特性与黏性土相同。（　　）

77. 土的压缩试验结果 100kPa 的孔隙比为 0.659，200kPa 的孔隙比为 0.603，压缩系数为 $0.56MPa^{-1}$。（　　）

78. 土的压缩试验前的孔隙比为 0.781、土样高度为 20mm，试验荷载 400kPa 的土样变形量为 1.65mm，那么 400kPa 的孔隙比为 0.636。（　　）

79. 土体内两点的水头差 5.2m，两点的间距 15.3m，那么两点的水力比降为 0.36。（　　）

80. 土体内 A 点的水位 8.6m，B 点的水位 4.7m，两点的水力比降为 0.38，两点的间距为 10.3m。（　　）

81. 土体内 A 点的水位 13.6m，B 点的水位 5.8m，渗透系数为 1.02cm/s，两点的间距为 18.9m，两点的渗透速度为 0.42 cm/s。（　　）

82. 砂土做直接剪切试验得到 100kPa 的剪应力为 62.7kPa，该土的内摩擦角为 32.1°。（　　）

83. 黏性土做直接剪切试验得到 200kPa 的剪应力为 92.5kPa，该土的内摩擦角为 12.6°，它的黏聚力为 49.8kPa。（　　）

84. 黏性土做直接剪切试验得到 300kPa 的剪应力为 141.2kPa，该土的黏聚力为 68.7kPa，它的内摩擦角为 13.6°。（　　）

85. 常水头渗透试验时取具有代表性的风干试样 3～4kg，称量准确至 1.0g，并测定试样的风干含水率。（　　）

86. 常水头渗透试验在试样上端铺厚约 5cm 砾石作缓冲层。（　　）

87. 变水头渗透试验土样在一定水头作用下静置一段时间，待出水管口有水溢出时，再开始进行试验测定。（　　）

88. 固结试验不能测定土的压缩指数、先期固结压力。（　　）

89. 固结试验的 $e-p$ 曲线上只能计算 100～200kPa 的压缩系数。（　　）

90. 直接剪切仪只能进行黏土的剪切试验。（　　）

91. 快速固结试验稳定标准为量表读数每小时变化不大于 0.005mm。（　　）

92. 固结试验快速法规定试样在各级压力下的固结时间为 1h，最后一级压力达压缩稳定。（　　）

93. 快剪试验是在试样上施加垂直压力，待排水固结稳定后快速施加水平剪切力。（   ）

（二）单项选择题

1. 下列指标为无量纲的是（   ）。

    A. 水力比降   B. 渗透速度   C. 渗透系数   D. 渗透力

2. 可通过常水头渗透试验测定土的渗透系数的土为（   ）。

    A. 黏土   B. 砂   C. 粉土   D. 淤泥

3. 可通过变水头渗透试验测定土的渗透系数的土为（   ）。

    A. 漂石   B. 砂   C. 粉土   D. 砾

4. 可测定土的渗透系数的现场原位试验方法有（   ）。

    A. 常水头渗透试验   B. 变水头渗透试验   C. 现场抽水试验   D. 现场载荷试验

5. 关于渗透力的说法不正确的是（   ）。

    A. 渗透力是流动的水对土体施加的力   B. 渗透力是一种体积力

    C. 渗透力的大小与水力比降成反比   D. 渗透力的方向与渗流方向相同

6. 渗透力是作用在（   ）上的力。

    A. 土颗粒   B. 土孔隙   C. 土中水   D. 土中气体

7. 渗透力与真实渗流时单位体积内渗透水流受到的（   ）的阻力大小相等，方向相反。

    A. 土孔隙   B. 土颗粒   C. 土中水   D. 土中气体

8. 达西定律中的渗流速度（   ）水在土中的实际速度。

    A. 大于   B. 小于   C. 等于   D. 无法确定

9. 关于渗流的说法正确的是（   ）。

    A. 无论渗流的方向如何都对土体的稳定性不利

    B. 当渗流的方向自上而下时对土体的稳定性不利

    C. 当渗流的方向自下而上时，对土体的稳定性不利

    D. 无论渗流的方向如何都对土体的稳定性有利

10. 关于流土的说法错误的是（   ）。

    A. 流土是渗透变形的一种形式

    B. 流土的破坏是渐进性的

    C. 流土往往发生在渗流的逸出处

    D. 流土的临界水力比降取决于土的物理性质

11. 关于管涌的说法正确的是（   ）。

    A. 管涌是渗透变形的一种形式

    B. 管涌是指在渗流作用下粗细颗粒同时发生移动而流失的现象

    C. 管涌只能发生在渗流的逸出处

    D. 管涌的破坏是突发性的

12. 关于渗透变形破坏的说法不正确的是（   ）。

    A. 渗透变形破坏的形式与土的颗粒级配和特性有关

    B. 渗透变形破坏的形式与水力条件和水流方向有关

    C. 流土发生在同一层土中

D. 管涌容易发生在黏土中

13. 流土产生的条件为（　　）。

    A. 渗流由上而下，渗透力大于土的有效重度

    B. 渗流由上而下，渗透力小于土的有效重度

    C. 渗流由下而上，渗透力大于土的有效重度

    D. 渗流由下而上，渗透力小于土的有效重度

14. 已知某土层的有效重度为 $10.5\mathrm{kN/m^3}$，水的重度为 $10\mathrm{N/m^3}$，则该土层发生流土的临界水力比降为（　　）。

    A. 1.07   B. 1.05   C. 2.02   D. 0.8

15. 已知某土层的有效重度为 $11.2\mathrm{kN/m^3}$，水的重度为 $10\mathrm{N/m^3}$，安全系数取 2.0，则该土层流土的允许水力比降为（　　）。

    A. 0.56   B. 0.58   C. 0.59   D. 0.52

16. 已知某土层的土粒比重为 2.70，孔隙比为 0.63，则该土层发生流土的临界水力比降为（　　）。

    A. 1.04   B. 1.70   C. 2.12   D. 0.55

17. 已知某土层的土粒比重为 2.75，孔隙比为 0.68，则该土层流土的允许水力比降为 0.62，那么安全系数应取多少（　　）。

    A. 1.6   B. 1.7   C. 1.8   D. 1.5

18. 关于土的压缩性的说法不正确的是（　　）。

    A. 土的压缩主要是由于水和气体的排出所引起的

    B. 土的压缩主要是土中孔隙体积的减小引起的

    C. 土体的压缩量不会随时间的增长而变化

    D. 固体土颗粒的压缩对土的压缩性影响不大

19. 下列不是土的压缩性指标的是（　　）。

    A. 压缩系数   B. 抗压强度   C. 压缩指数   D. 压缩模量

20. 同一类土样如果其含水率相同，但是饱和度不同，则饱和度越大的土其压缩性（　　）。

    A. 越小   B. 越大   C. 不变   D. 无法确定

21. 试验室内土的压缩模量是在（　　）条件下试验得到的。

    A. 完全侧限   B. 无侧限   C. 部分侧限   D. 任何情况

22. 关于土的压缩系数的说法错误的是（　　）。

    A. 土的压缩曲线平缓，压缩系数较小，土的压缩性较低

    B. 土的压缩系数是无量纲的

    C. 土的压缩系数不是常数

    D. 工程上常采用压缩系数 a_{1-2} 来判别土的压缩性

23. 已知某土层的压缩系数为 $0.2\mathrm{MPa^{-1}}$，则该土属于（　　）。

    A. 低压缩性土   B. 中压缩性土   C. 高压缩性土   D. 无法确定

24. 已知某土层的压缩系数为 $0.01\mathrm{MPa^{-1}}$，则该土属于（　　）。

A. 低压缩性土　　　　B. 中压缩性土　　　　C. 高压缩性土　　　D. 无法确定

25. 已知某土层的压缩系数为 $2MPa^{-1}$，则该土属于（　　　）。

A. 低压缩性土　　　　B. 中压缩性土　　　　C. 高压缩性土　　　D. 无法确定

26. 关于土的压缩指数的说法正确的是（　　　）。

A. 土的压缩指数越大，土的压缩性越低　B. 土的压缩指数是有量纲的

C. 一个土样的压缩指数不是常数　　　　D. 压缩指数可以在 $e-\lg p$ 曲线上得到

27. 对某原状土进行室内侧限压缩试验，其试验结果见下表，则其压缩系数 a_{1-2} 为（　　　）。

p/kPa	50	100	200	400
e	0.964	0.952	0.936	0.914

A. 0.16MPa　　　　B. 0.16MPa^{-1}　　　　C. 0.25MPa^{-1}　　　D. 无法确定

28. 关于土的压缩模量的说法正确的是（　　　）。

A. 土的压缩曲线越陡，压缩模量越大　　B. 土的压缩模量越大，土的压缩性越高

C. 土的压缩模量是常数　　　　　　　　D. 土的压缩模量与压缩系数成反比

29. 下列指标中，数值越大，表明土的压缩性越小的指标是（　　　）

A. 压缩系数　　　　B. 压缩指数　　　　C. 压缩模量　　　D. 比重

30. 对某土体进行室内压缩试验，当法向应力 $p_1=100kPa$ 时，相应孔隙比为 $e_1=0.62$；当法向应力 $p_2=200kPa$ 时，相应孔隙比为 $e_2=0.58$，该土样的压缩系数 a_{1-2}、压缩模量 $E_{s(1-2)}$ 分别为（　　　）。

A. 0.4MPa^{-1}、4.05MPa　　　　　　B. −0.4MPa^{-1}、4.05MPa

C. 0.4MPa^{-1}、3.95MPa　　　　　　D. −0.4MPa^{-1}、3.95MPa

31. 已知某土层的压缩系数为 $0.5MPa^{-1}$，则该土属于（　　　）。

A. 低压缩性土　　　　B. 中压缩性土　　　　C. 高压缩性土　　　D. 无法确定

32. 已知某土层的超固结比为 0.1，则该土属于（　　　）。

A. 超固结土　　　　B. 正常固结土　　　　C. 欠固结土　　　D. 无法确定

33. 已知某土层的超固结比为 1，则该土属于（　　　）。

A. 超固结土　　　　B. 正常固结土　　　　C. 欠固结土　　　D. 无法确定

34. 已知某土层的超固结比为 1.5，则该土属于（　　　）。

A. 超固结土　　　　B. 正常固结土　　　　C. 欠固结土　　　D. 无法确定

35. 未经夯实的新填土，则该土属于（　　　）。

A. 超固结土　　　　B. 正常固结土　　　　C. 欠固结土　　　D. 无法确定

36. 未经夯实的新填土的超固结比（　　　）。

A. 小于 1　　　　B. 等于 1　　　　C. 大于 1　　　D. 无法确定

37. 关于土的抗剪强度说法正确的是（　　　）。

A. 土的抗剪强度是指土体抵抗剪切破坏的极限能力

B. 土的抗剪强度是一个定值

C. 土的抗剪强度与土的抗剪强度指标无关

D. 砂土的抗剪强度由内摩擦力和黏聚力两部分组成

38. 土体剪切破坏面与最小主应力作用面的夹角为（   ）。

    A. 45°   B. $45°+\dfrac{\varphi}{2}$ C. $45°-\dfrac{\varphi}{2}$ D. 无法确定

39. 无黏性土的特征之一为（   ）。

    A. 塑性指数大于 17 B. 孔隙比等于 0   C. 灵敏度较高   D. 黏聚力为 0

40. 饱和软黏土的不排水抗剪强度等于其无侧限抗压强度的（   ）倍。

    A. 2   B. 1   C. 0.5   D. 0.25

41. 十字板剪切试验常用于测定（   ）的原位不排水抗剪强度。

    A. 砂土   B. 粉土   C. 黏性土   D. 饱和软黏土

42. 当施工进度快地基土的透水性低且排水条件不良时，土的抗剪强度宜选择三轴压缩试验的（   ）。

    A. 不固结不排水剪 B. 固结排水剪   C. 固结不排水剪   D. 慢剪

43. 当施工周期较长，地基土的透水性较好，土的抗剪强度宜选择三轴压缩试验的（   ）。

    A. 不固结不排水剪 B. 固结排水剪   C. 固结不排水剪   D. 直接快剪

44. 当施工周期长，建筑物使用时加荷较快时，土的抗剪强度宜选择直接剪切试验的（   ）。

    A. 直接快剪   B. 固结快剪   C. 不固结不排水剪 D. 慢剪

45. 下列叙述中，正确的是（   ）。

    A. 土的剪切破坏是由于土中某点的剪应力达到土的抗剪强度所致

    B. 发生剪切破坏时破坏面上的土体未发生相对移动

    C. 土的抗剪强度指标没有什么实际意义

    D. 黏性土和无黏性土具有相同的抗剪强度规律

46. 下面说法中，正确的是（   ）。

    A. 当抗剪强度线与摩尔应力圆相离时，土体处于极限平衡状态

    B. 当抗剪强度线与摩尔应力圆相切时，土体处于弹性平衡状态

    C. 当抗剪强度线与摩尔应力圆相割时，土体处于破坏状态

    D. 当抗剪强度线与摩尔应力圆相离时，土体处于破坏状态

47. 在直剪试验中实际土样剪切面上的正应力（   ）。

    A. 始终不变   B. 逐渐减小   C. 逐渐增大   D. 无法判断

48. 下面有关直接剪切试验的叙述中，正确的是（   ）。

    A. 土样沿最薄弱的面发生剪切破坏   B. 剪切面是剪力盒上下两部分的接触面

    C. 试验过程中可测得孔隙水压力   D. 量力环直接测定土的垂直方向的应力

49. 当分析地基排水条件不好、施工速度快的建筑地基稳定性时，抗剪强度指标可选择直剪试验中的（   ）。

    A. 快剪   B. 固结快剪   C. 慢剪   D. 不固结不排水剪

50. 某饱和黏性土的无侧限抗压强度 $q_u=26\text{kPa}$，则其不排水抗剪强度为（   ）kPa。

A. 26   B. 0   C. 13   D. 不确定

51. 当分析透水性较好、施工速度较慢的建筑地基稳定性时，抗剪强度指标可选择直剪试验中的（   ）。

A. 快剪   B. 固结快剪   C. 慢剪   D. 固结不排水剪

52. 下列有关抗剪强度的叙述正确的是（   ）。

A. 砂土的抗剪强度是由黏聚力组成的

B. 黏性土的抗剪强度是由内摩擦力和黏聚力组成的

C. 土的黏聚力越大，内摩擦力越大，则抗剪强度越小

D. 黏性土的抗剪强度是由内摩擦力组成的

53. 土中某点应力状态的莫尔应力圆与抗剪强度线相切，则表明土中该点（   ）。

A. 任一面上的剪应力都小于土的抗剪强度

B. 某个面上的剪应力大于土的抗剪强度

C. 切点所代表的平面上，剪应力正好等于土的抗剪强度，处于极限平衡状态

D. 最大剪应力作用面上，剪应力正好等于土的抗剪强度

54. 土中某点应力状态的莫尔应力圆与抗剪强度线相离，则表明土中该点（   ）。

A. 每个面上的剪应力都小于土的抗剪强度，处于稳定状态

B. 每个面上的剪应力都大于土的抗剪强度

C. 切点所代表的平面上，剪应力正好等于土的抗剪强度

D. 最大剪应力作用面上，剪应力正好等于土的抗剪强度

55. 已知土体中某点所受的最大主应力为 500kPa，最小主应力为 200kPa，则与最大主应力作用面成 30°角的平面上的正应力为（   ）kPa。

A. 130   B. 425   C. 700   D. 无法确定

56. 已知土体中某点所受的最大主应力为 500kPa，最小主应力为 200kPa，则与最大主应力作用面成 30°角的平面上的剪应力为（   ）kPa。

A. 130   B. 425   C. 700   D. 无法确定

57. 已知土体中某点所受的最大主应力为 400kPa，最小主应力为 150kPa，则与最小主应力作用面成 60°角的平面上的正应力为（   ）kPa。

A. 328   B. 338   C. 318   D. 335

58. 已知土体中某点所受的最大主应力为 300kPa，最小主应力为 100kPa，则与最小主应力作用面成 60°角的平面上的剪应力为（   ）kPa。

A. 87   B. 90   C. 85   D. 86

59. 某土样的内摩擦角为 22°，黏聚力为 18kPa，该土样发生剪切破坏时，破坏面与最大主应力作用面的夹角为（   ）。

A. 45°   B. 56°   C. 34°   D. 55°

60. 某土样的内摩擦角为 28°，该土样发生剪切破坏时，破坏面与最小主应力作用面的夹角为（   ）。

A. 40°   B. 58°   C. 31°   D. 30°

61. 某土样的内摩擦角为 18°，该土样发生剪切破坏时，破坏面与最大主应力作用方向的

夹角为（　　）。

    A. 54°   B. 50°   C. 36°   D. 35°

62. 某土样的内摩擦角为 23°，黏聚力为 18kPa，土中的大主应力为 300kPa，当该土样处于极限平衡状态时，土中的小主应力为（　　）kPa。

    A. 98.5   B. 107.6   C. 120.2   D. 107.3

63. 砂土中某点的最大主应力为 400kPa，最小主应力为 200kPa，砂土的内摩擦角为 25°，黏聚力为 0，试判断该点处于（　　）。

    A. 稳定状态   B. 极限平衡状态   C. 破坏状态   D. 无法确定

64. 土中某点最大主应力为 450kPa，最小主应力为 140kPa，土的内摩擦角为 26°，黏聚力为 20kPa，试判断该点处于（　　）。

    A. 稳定状态   B. 极限平衡状态   C. 破坏状态   D. 无法确定

65. 土中某点最大主应力为 550kPa，最小主应力为 150kPa，土的内摩擦角为 26°，黏聚力为 20kPa，试判断该点处于（　　）。

    A. 稳定状态   B. 极限平衡状态   C. 破坏状态   D. 无法确定

66. 土中某点最大主应力为 350kPa，最小主应力为 100kPa，土的内摩擦角为 30°，黏聚力为 15kPa，试判断该点处于（　　）。

    A. 稳定状态   B. 极限平衡状态   C. 破坏状态   D. 无法确定

67. 某饱和软黏土试样进行无侧限抗压强度试验，得其无侧限抗压强度为 30kPa，则该土样的黏聚力为（　　）kPa。

    A. 15   B. 20   C. 30   D. 40

68. 某土样进行三轴压缩试验，剪切破坏时测得 $\sigma_1 = 500$kPa，$\sigma_3 = 100$kPa，剪切破坏面与水平面夹角为 60°，则土的内摩擦角为（　　）。

    A. 30°   B. 45°   C. 60°   D. 34°

69. 关于土的抗剪强度指标说法正确的是（　　）。

    A. 土的抗剪强度指标是指土的黏聚力和土的内摩擦角

    B. 土的抗剪强度指标只能通过现场剪切试验确定

    C. 通过直剪试验和三轴压缩试验得到的土的抗剪强度指标应是一致的

    D. 三轴压缩试验是一种现场剪切试验

70. 关于直剪试验说法不正确的是（　　）。

    A. 直剪试验可分为快剪、固结快剪和慢剪

    B. 直剪试验的剪切破坏面是人为限定的平面

    C. 快剪主要用于分析地基排水条件不好、施工速度快的情况

    D. 直剪试验较为复杂，不容易掌握，不能得到土的黏聚力

71. 当分析饱和软黏土中快速加荷问题时，为获得其抗剪强度指标，可选择三轴压缩试验中的（　　）。

    A. 快剪   B. 固结排水剪   C. 固结不排水剪   D. 不固结不排水剪

72. 当分析正常固结土层在使用期间大量快速增载建筑物地基的稳定问题时，为获得其抗剪强度指标，可选择三轴压缩试验中的（　　）。

A. 快剪　　　　　B. 固结排水剪　　　C. 固结不排水剪　　D. 不固结不排水剪

73. 密度试验时 2 次平行测定，平行的差值不得大于（　　）。

　　A. 0.03g/cm³　　　B. 0.04g/cm³　　　C. 0.05g/cm³　　　D. 0.01g/cm³

74. 三轴压缩试验中固结不排水剪测孔隙水压力的符号为（　　）。

　　A. CU　　　　　　B. CD　　　　　　C. $\overline{CU}$　　　　　D. UU

75. 三轴压缩试验中不固结不排水剪的符号为（　　）。

　　A. CU　　　　　　B. CD　　　　　　C. $\overline{CU}$　　　　　D. UU

76. 室内轻型击实试验把某一含水率的试样分几层装入击实筒内（　　）。

　　A. 3　　　　　　　B. 4　　　　　　　C. 5　　　　　　　D. 6

77. 击实试验曲线上最高点对应的横坐标的数为（　　）。

　　A. 最大干密度　　B. 最优含水率　　C. 干密度　　　　D. 含水率

78. 压实土现场测定的干密度为 1.61g/cm³，最大干密度 1.75g/cm³，压实度为（　　）。

　　A. 95%　　　　　B. 93%　　　　　C. 92%　　　　　D. 91%

79. 常水头渗透试验装土样时分层装入圆筒，每层厚度为（　　）。

　　A. 2～3cm　　　　B. 3～5cm　　　　C. 1～2cm　　　　D. 5～7cm

80. 常水头渗透试验装试样时用木锤轻轻击实的目的是（　　）。

　　A. 控制含水率　　B. 控制孔隙比　　C. 控制饱和度　　D. 控制黏聚力

81. 变水头渗透试验时除测记起始水头外，经过时间 t 后，还需要测记（　　）。

　　A. 含水率　　　　B. 孔隙率　　　　C. 内摩擦角　　　D. 终了水头

82. 快速固结试验最后一级荷载稳定标准为量表读数每小时变化不大于（　　）。

　　A. 0.005mm　　　B. 0.05mm　　　　C. 0.5mm　　　　D. 0.0005mm

83. 快剪试验剪切速率为（　　）。

　　A. 0.1～0.8mm/min　　　　　　　B. 0.8～1.2mm/min

　　C. 0.8～1.5mm/min　　　　　　　D. 1.0～1.5mm/min

84. 土样拆封时需记录土的项目（　　）。

　　A. 压实度　　　　B. 黏聚力　　　　C. 液限　　　　　D. 土样编号

85. 抗剪强度曲线是抗剪强度与（　　）关系曲线。

　　A. 含水率　　　　B. 孔隙比　　　　C. 水平剪力　　　D. 垂直压力

86. 重型击实试验适用于粒径小于（　　）的土。

　　A. 5mm　　　　　B. 2mm　　　　　C. 20mm　　　　　D. 50mm

87. 轻型击实试验制备 5 份土样时含水率依次相差（　　）。

　　A. 2%　　　　　　B. 3%　　　　　　C. 4%　　　　　　D. 1%

88. 重型击实试验每层击数（　　）。

　　A. 50 击　　　　　B. 25 击　　　　　C. 56 击　　　　　D. 27 击

（三）多项选择题

1. 可通过变水头渗透试验测定土的渗透系数的土为（　　）。

　　A. 黏土　　　　　B. 砂土　　　　　C. 粉土　　　　　D. 淤泥

2. 轻型击实试验制备土样的份数不少于（　　），含水率依次相差为（　　）。

A. 5 份   B. 6 份   C. 4%   D. 2%

3. 可通过常水头渗透试验测定土的渗透系数的土为（   ）。

     A. 黏土   B. 中砂土   C. 粉土   D. 粗砂土

4. 下列关于渗流模型的说法正确的是（   ）。

     A. 渗流模型中，通过任意断面的流量与真实水流过同一断面的流量相等

     B. 渗流模型中，在某一断面上的水头应等于真实水流的水头

     C. 渗流模型中，土体所受到的阻力应等于真实水流所受到的阻力

     D. 渗流模型中的渗流速度等于真实的水流流速

5. 可测定土的渗透系数的方法有（   ）。

     A. 常水头渗透试验   B. 变水头渗透试验

     C. 现场抽水试验   D. 载荷试验

6. 影响土的渗透性的因素有（   ）。

     A. 土的粒度成分及矿物成分   B. 土的结构构造

     C. 水的温度   D. 土中封闭气体的含量

7. 下列关于土的渗透性的说法正确的是（   ）。

     A. 砂土中含有较多的粉土或黏土颗粒时，其渗透系数就会降低

     B. 土层在不同方向上的渗透性差别很大

     C. 水在土中渗流的速度与水的温度有关

     D. 土中封闭气体含量越多，渗透系数越小

8. 渗透变形中有关接触冲刷和接触流失说法正确的是（   ）。

     A. 接触冲刷发生在两种渗透系数不同的土层接触面

     B. 接触流失发生在层次分明渗透系数相差悬殊的两土层中

     C. 接触流失是指渗透系数大的土中细粒被带到渗透系数小的土层现象

     D. 接触冲刷多出现在单一土层中

9. 关于渗透变形破坏的说法正确的是（   ）。

     A. 渗透变形破坏的形式与土的颗粒级配和特性有关

     B. 渗透变形破坏的形式与水力条件和水流方向有关

     C. 流土发生在同一层土中

     D. 管涌发生在不同土层的接触面上

10. 渗透变形破坏的形式有（   ）。

     A. 流土   B. 管涌   C. 接触流失   D. 接触冲刷

11. 某土层的有效重度为 $10.4kN/m^3$ ，水的重度为 $10kN/m^3$ ，安全系数取 1.8，则该土层流土的临界水力比降和允许水力比降为（   ）。

     A. 1.04   B. 0.58   C. 1.25   D. 0.56

12. 土层的孔隙率 52%，比重 2.70，允许水力比降为 0.41，则该土层流土的临界水力比降和安全系数为（   ）。

     A. 0.86   B. 0.82   C. 2.0   D. 1.5

13. 河堤上游的水位 8.6m，下游的水位 1.7m，河堤底面宽度为 25m，土的渗透系数为

0.05cm/s，河堤上下游的水力比降和渗透速度为（   ）。

    A. 0.28   B. 0.35   C. 0.01cm/s   D. 0.05cm/s

14. 河堤上下游的水位差 10.8m，河堤底面宽度为 19m，土的渗透系数为 0.01cm/s，河堤上下游的水力比降和单位面积 1d 的渗透流量为（   ）。

    A. 0.59   B. 0.57   C. 499cm^3 D. 493cm^3

15. 室内常水头试验水位差 8.5cm，渗透长度 10cm，土样面积 38.5cm^2，2min 渗透的水量为 182mL，土的渗透系数和渗透速度为（   ）。

    A. 0.05cm/s   B. 0.08cm/s   C. 0.07cm/s   D. 0.04cm/s

16. 关于土的压缩性的说法正确的是（   ）。

    A. 土的压缩主要是由于水和气体的排出所引起的

    B. 土的压缩主要是土中孔隙体积的减小引起的

    C. 土体的压缩量不会随时间的增长而变化

    D. 固体土颗粒的压缩对土的压缩性影响不大

17. 下列属于土的压缩性指标的是（   ）。

    A. 压缩系数   B. 摩擦角   C. 压缩指数   D. 压缩模量

18. 关于土的压缩系数的说法正确的是（   ）。

    A. 土的压缩曲线越平缓土的压缩性越低

    B. 土的压缩系数是无量纲的

    C. 土的压缩系数不是常数

    D. 工程上常采用压缩系数 a_{1-2} 来判别土的压缩性

19. 关于土的压缩指数的说法错误的是（   ）。

    A. 土的压缩指数越大，土的压缩性越低

    B. 土的压缩指数的单位是 MPa^{-1}

    C. 一个土样的压缩指数不是常数

    D. 压缩指数越大土的压缩性越高

20. 有关无侧限抗压强度试验说法正确的是（   ）。

    A. 适用于坚硬黏性土

    B. 适用于饱和黏性土

    C. 无侧限抗压强度试验可用来测定黏性土的灵敏度

    D. 可用来测定淤泥和淤泥质土的不排水抗剪强度

21. 土的天然孔隙比 0.766，$h_0=20$mm，固结试验 100kPa 和 200kPa 校正后的土样变形量 0.86mm 和 1.12mm，100kPa 和 200kPa 压缩后的孔隙比分别为（   ）。

    A. 0.690   B. 0.695   C. 0.667   D. 0.676

22. 根据超固结比的大小可将土分为（   ）。

    A. 正常固结土   B. 超固结土   C. 欠固结土   D. 无黏性土

23. 关于先期固结压力的说法正确的是（   ）。

    A. 先期固结压力是指土在历史上曾经受过的最大有效固结压力

    B. 超固结土的先期固结压力小于目前现有固结压力

C. 欠固结土的先期固结压力小于目前现有固结压力

D. 先期固结压力可通过卡萨格兰德经验作图法得到

24. 室内土的压缩试验 100kPa 的孔隙比 0.685，200kPa 孔隙比 0.636，它的压缩系数和压缩模量为（　　）。

    A. 0.49MPa^{-1} B. 0.57MPa^{-1} C. 3.44MPa   D. 3.53MPa

25. 土的剪切试验时 100kPa、200kPa 剪应力为 51.2 kPa 和 65.4 kPa，测力计率定系数为 1.76 kPa/0.01mm，剪切破坏时 100kPa 和 200kPa 的百分表读数为（　　）。

    A. 29.1   B. 29.6   C. 37.2   D. 32.7

26. 土中某点最大主应力为 350kPa，土的内摩擦角为 30°，黏聚力为 0，土体达到极限平衡状态时最小主应力和产生破坏时破坏面与最大主应力作用面的夹角为（　　）。

    A. 116.7kPa   B. 118.5kPa   C. 60°   D. 30°

27. 土中某点最小主应力为 120kPa，土的内摩擦角为 26°，黏聚力为 26.5，土体达到极限平衡状态时最大主应力和产生破坏时破坏面与最大主应力方向的夹角为（　　）。

    A. 392.1kPa   B. 395.7kPa   C. 58°   D. 32°

28. 击实试验曲线上最高点对应的指标为（　　）。

    A. 最大干密度   B. 最优含水率   C. 干密度   D. 含水率

29. 影响土的击实效果的因素有（　　）。

    A. 击实功   B. 土的类别   C. 土的颗粒级配   D. 含水率

30. 压实填土测得土样的密度为 1.95g/cm^3，含水率 20.3%，最大干密度 1.72g/cm^3，土的干密度和压实度为（　　）。

    A. 1.65g/cm^3 B. 95%   C. 1.62g/cm^3 D. 94%

31. 压实填土测得土样的干密度为 1.68g/cm^3，最大干密度 1.72g/cm^3，要求压实度达到 97%，土的干压实度为多少和是否满足要求？（　　）

    A. 98%   B. 95%   C. 不满足要求   D. 满足要求

32. 下面叙述正确的是（　　）。

    A. 最大干密度 $\rho_{d\max}$ 用于控制填土的压实度

    B. 最优含水率 ω_{op} 用于控制填土的含水率

    C. 压实度是压实土的干密度与最大干密度的比值

    D. 压实度是计算的指标

33. 下面叙述正确的是（　　）。

    A. 当含水率控制为某一适宜值时，土才能得到充分压实，得到土的最大干密度

    B. 任何含水率下都可以得到土的最大干密度

    C. 击实曲线位于饱和曲线的左下方，永远不会相交

    D. 级配良好的土，最大干密度一般也较大

34. 关于黏性土抗剪强度叙述错误的是（　　）。

    A. 土的原始密度越大，内摩擦角和黏聚力越大

    B. 土的原始密度越大，内摩擦角和黏聚力越小

    C. 含水率增加时，内摩擦角增大

D. 土的孔隙小，则黏聚力大

35. 直接剪切试验时正确的做法是（　　　）。
 A. 用环刀切取 4 个原状土样进行试验
 B. 土样施加垂直荷载分别为 100kPa、200kPa、300kPa、400kPa
 C. 直接快剪剪切的时间为 3～5min
 D. 在进行剪切前剪力盒、量力环必须充分接触

36. 有关十字板剪切试验，下列说法正确的是（　　　）。
 A. 常用于野外现场测定饱和软黏土的不排水抗剪强度
 B. 野外现场测试任意黏性土的抗剪强度指标的一种方法
 C. 十字板剪切试验可用来测定软黏土的灵敏度
 D. 适用于饱和软黏土

37. 防止渗透变形的措施（　　　）。
 A. 延长渗径　　　　　　　　　　B. 减小下游逸出处水力坡降
 C. 降低渗透力　　　　　　　　　D. 增强渗流逸出处土体抗渗能力

38. 土的抗剪强度曲线是（　　　）关系曲线。
 A. 含水率　　　　B. 抗剪强度　　　　C. 水平剪力　　　　D. 垂直压力

39. 轻型和重型击实试验适用于粒径小于（　　　）的土。
 A. 5mm　　　　　B. 2mm　　　　　C. 20mm　　　　　D. 50mm

40. 重型击实试验制备土样的份数不少于（　　　），含水率依次相差为（　　　）。
 A. 5 份　　　　　B. 6 份　　　　　C. 4％　　　　　D. 2％

41. 轻型和重型击实试验每层击数（　　　）。
 A. 50 击　　　　B. 25 击　　　　C. 56 击　　　　D. 27 击

42. 轻型和重型击实试验锤的质量分别为（　　　）。
 A. 2.5kg　　　　B. 4.5kg　　　　C. 2.8kg　　　　D. 3.5kg

43. 土的固结试验 100kPa 和 300kPa 校正前的土样变形量 0.78mm 和 1.26mm，校正系数
 1.13，校正后的土样变形量分别为（　　　）。
 A. 0.88mm　　　B. 1.42mm　　　C. 0.78mm　　　D. 1.45mm

44. 土的剪切试验时 100kPa 和 200kPa 剪切破坏时百分表读数为 35 和 47，测力计率定系
 数为 1.86kPa/0.01mm，100kPa 和 200kPa 的剪应力为（　　　）。
 A. 65.1kPa　　　B. 87.4kPa　　　C. 65.5 kPa　　　D. 87.7 kPa

45. 土的剪切试验时 100kPa 和 300kPa 剪应力为 66.7 和 85.2，土的黏聚力和内摩擦角
 为（　　　）。
 A. 57.5kPa　　　B. 57.6kPa　　　C. 5.5°　　　　　D. 5.3°

第六部分　土工试验的土样状态、误差及实验室数据修约

知识点：

本部分要求掌握土样的状态分类和土工试验指标误差及土工实验室数据的修约方法。

（一）判断题

1. Ⅰ级土样为完全扰动土样。（　　　）

2. Ⅱ级土样为完全扰动土样。（　　　）

3. Ⅲ级土样为显著扰动土样。（　　　）

4. Ⅳ级土样为完全扰动土样。（　　　）

5. Ⅱ级土样可以进行土类定名、含水率、密度测定。（　　　）

6. Ⅳ级土样可以进行土类定名、含水率、密度测定。（　　　）

7. 颗粒大小分析试验的筛分法试验筛前和筛后称量差值要求小于试样总质量的1％。（　　　）

8. 土样拆封时只需记录土的名称就可以。（　　　）

9. 密度试验需要2次平行测定，平行的差值不得大于0.02g/cm³。（　　　）

10. 土的孔隙比计算结果为0.51697，修约成三位有效数位，修约后为0.517。（　　　）

11. 密度试验时测定的结果为1.795006g/cm³，修约后为1.79g/cm³。（　　　）

12. 含水率试验时测定的结果为31.3487％，修约后为31.4％。（　　　）

13. 实验室数据修约时拟舍去的数字最左一位为5，而其后无数字或全部为0，则进1。（　　　）

（二）单项选择题

1. Ⅲ级土样可以测定的项目是（　　　）。

    A. 含水率　　　　　B. 黏聚力　　　　　C. 内摩擦角　　　　　D. 压缩系数

2. 击实试验制备土样时，加水后静置时间，高液限黏土不得少于（　　　）。

    A. 24h　　　　　B. 12h　　　　　C. 30h　　　　　D. 15h

3. 液塑限联合测定法绘图时三点不在一条直线上，可以绘制两条直线，它们在2mm横线上交点对应的含水率的差值要求小于（　　　）。

    A. 3％　　　　　B. 1％　　　　　C. 2.5％　　　　　D. 2％

4. 三轴压缩试验中固结排水剪的符号为（　　　）。

    A. CU　　　　　B. CD　　　　　C. $\overline{CU}$　　　　　D. UU

5. 土的 $c=20$kPa，$\phi=18°$，土内一点处于极限平衡状态，已知 $\sigma_1=300$kPa，那么 σ_3 的大小为（　　　）。

    A. 127kPa　　　　　B. 129kPa　　　　　C. 135kPa　　　　　D. 125kPa

6. Ⅳ级土样可以测定的项目（　　　）。

    A. 含水率　　　　　B. 密度　　　　　C. 土类定名　　　　　D. 压缩系数

7. 不属于直接剪切试验方法是（　　）。

　　A. 快剪　　　　　　　　B. 固结不排水剪　　　C. 固结快剪　　　　　D. 慢剪

8. 土的先期固结压力通过（　　）试验得到。

　　A. 固结排水剪　　　　　B. 固结不排水剪　　　C. 固结快剪　　　　　D. 固结

9. 某饱和软黏土试样进行无侧限抗压强度试验，得其无侧限抗压强度为 28kPa，则该土样的黏聚力为（　　）kPa。

　　A. 14　　　　　　　　　B. 20　　　　　　　　　C. 30　　　　　　　　　D. 40

10. 某饱和软黏土试样进行无侧限抗压强度试验，得其原状土无侧限抗压强度为 30kPa，重塑土无侧限抗压强度为 15kPa，则该土样的灵敏度为（　　）。

　　A. 2.2　　　　　　　　　B. 2.0　　　　　　　　C. 2.3　　　　　　　　D. 1.8

11. 土的 $c=10$kPa，$\phi=30°$，土内一点处于极限平衡状态，已知 $\sigma_1=200$kPa，那么 σ_3 的大小为 （　　）。

　　A. 58kPa　　　　　　　B. 57kPa　　　　　　　C. 55kPa　　　　　　　D. 56kPa

12. Ⅰ级土样不可以测定（　　）。

　　A. 含水率　　　　　　　B. 密度　　　　　　　　C. 抗剪强度　　　　　D. 渗透系数

（三）多项选择题

1. Ⅲ级土样可以测定的项目（　　）。

　　A. 含水率　　　　　　　B. 土类定名　　　　　　C. 抗剪强度　　　　　D. 压缩系数

2. Ⅰ级土样可以测定的项目（　　）。

　　A. 含水率　　　　　　　B. 土类定名　　　　　　C. 抗剪强度　　　　　D. 压缩系数

3. Ⅱ级土样可以测定的项目（　　）。

　　A. 含水率　　　　　　　B. 土类定名　　　　　　C. 密度　　　　　　　D. 压缩系数

4. 土样拆封时需记录土的项目（　　）。

　　A. 土样编号　　　　　B. 取样深度　　　　　　C. 土样名称　　　　　D. 土样扰动情况

5. 土样的含水率试验时 2 次平行测定，根据含水率大小不同平行测定的允许平行差值有（　　）。

　　A. 1.5%　　　　　　　B. 1%　　　　　　　　　C. 0.5%　　　　　　　D. 2%

6. Ⅳ级土样不能测定的项目（　　）。

　　A. 含水率　　　　　　　B. 土类定名　　　　　　C. 抗剪强度　　　　　D. 压缩系数

7. 实验室数据修约时拟舍去的数字最左一位为 5，而后面有并非全为 0 的数字，修约时说法错误的是（　　）。

　　A. 保留末位数为 0 则舍去　　　　　　　　B. 保留末位数为奇数才能进 1

　　C. 可以直接进 1　　　　　　　　　　　　D. 保留末位数为偶数才能进 1

8. 数字 1.889 小数点后修约成两位有效数位，修约后错误的为（　　）。

　　A. 1.88　　　　　　　　B. 1.90　　　　　　　　C. 1.89　　　　　　　D. 2.00

9. 实验室数据修约时拟舍去的数字最左一位为 5，而后面皆为 0，修约时说法正确的是（　　）。

　　A. 可以直接舍去，保留的各位数字不变

B. 保留末位数为奇数则进 1

C. 保留末位数为偶数则舍去

D. 保留末位数为偶数则进 1

10. 实验室数据修约时拟舍去的数字最左一位为 5，而后面无数字，修约时说法正确的是(　　)。

A. 可以直接进 1，保留的各位数字不变　B. 保留末位数为 7 则进 1

C. 保留末位数为 0 则舍去　　　　　　D. 保留末位数为 5 则进 1

第二篇　土工检测理论试题答案解析

第一部分　土 的 成 因 及 分 类

知识点：

本部分要求掌握土的生成与成因类型、各种不同成因土的类型的特征、土的结构和土的构造，了解并能够应用《公路土工试验规程》（JTG 3430—2020）对土进行分类。

（一）判断题

1. 答案（√）。

答题解析：考察土的形成及定义。

2. 答案（√）。

答题解析：考察土的形成及特点。土按沉积年代分为老沉积土和新近沉积土。老沉积土是指第四纪晚更新世及其以前沉积的土，一般具有较高的强度和较低的压缩性，新近沉积土是指第四纪全新世中近期沉积的土，一般为欠固结的，且强度较低。土按地质成因可分为残积土、坡积土、洪积土、冲积土、淤积土、冰积土和风积土等。

3. 答案（√）。

答案解析：考察风化作用的特征。风化作用是地表或接近地表的岩石在大气、水和生物的作用下发生的物理的和化学的变化，是一种最普遍的地质作用，随时随地都在发生。

4. 答案（×）。

答题解析：考察物理风化作用的特征。物理风化作用是指由于温度的变化，岩石孔隙、裂隙中水的冻融或盐类物质的结晶膨胀等作用，使岩石发生机械破碎的作用。其特点是仅发生物理的变化，使颗粒的大小、形状发生变化。主要表现形式有剥离、水劈和晶涨等。

5. 答案（√）。

答题解析：考察物理风化作用的特征。物理风化作用是指由于温度的变化，岩石孔隙、裂隙中水的冻融或盐类物质的结晶膨胀等作用，使岩石发生机械破碎的作用。温差越大，物理风化作用越强烈。

6. 答案（×）。

答题解析：考察化学风化作用的特征。化学风化作用是指岩石在水和各种水溶液的作用下所引起的破坏作用，其不仅使岩石破碎，更重要的是使岩石成分发生变化，形成新的矿物。化学风化作用有水化作用、氧化作用、水解作用和溶解作用等形式。

7. 答案（×）。

答题解析：考察氧化作用。化学风化作用有水化作用、氧化作用、水解作用和溶解作用等形式。

8. 答案（√）。

答题解析：考察溶解作用的特征。溶解作用是指水直接溶解岩石矿物的作用，促使岩石孔隙率增加，裂隙加大，使岩石遭受破坏。溶解作用的结果，使岩石中的易溶物质被逐渐溶解而随水流失，难溶物质则残留于原地。

9. 答案（√）。

答题解析：考察水化作用的形式。化学风化作用有水化作用、氧化作用、水解作用和溶解作用等形式。水化作用是指水和某种矿物结合形成新的矿物。这种作用可使岩石因体积膨胀而致破坏。例如：

$$CaSO_4（硬石膏）+2H_2O \longrightarrow CaSO_4 \cdot 2H_2O（石膏）$$

10. 答案（×）。

答题解析：考察水解作用的形式。化学风化作用有水化作用、氧化作用、水解作用和溶解作用等形式。水解作用是指矿物和水的成分起化学作用而形成新的化合物。例如：

$$4K（AlSi_3O_6）（正长石）+6H_2O \longrightarrow 4KOH+Al_4(Si_4O_{10})(OH)_6（高岭石）+8SiO_2$$

11. 答案（√）。

答题解析：水解作用是指矿物和水的成分起化学作用而形成新的化合物。例如：

$$4K（AlSi_3O_6）（正长石）+6H_2O \longrightarrow 4KOH+Al_4(Si_4O_{10})(OH)_6（高岭石）+8SiO_2$$

12. 答案（√）。

答题解析：考察生物风化作用的定义。生物风化作用是指岩石由生物活动所引起的破坏作用。这种作用包括机械的作用和化学的作用。

13. 答案（×）。

答题解析：考察生物风化作用的定义。生物风化作用是指岩石由生物活动所引起的破坏作用。这种作用包括生物物理风化作用和生物化学风化作用。

14. 答案（√）。

答题解析：考察化学风化作用的定义。化学风化作用是指岩石在水和各种水溶液的作用下所引起的破坏作用，其不仅使岩石破碎，更重要的是使岩石成分发生变化，形成新的矿物。

15. 答案（√）。

答题解析：考察生物风化作用的定义。生物风化作用是指岩石由生物活动所引起的破坏作用。这种作用包括机械的作用（如植物根系在岩石裂隙中生长）和化学的作用。

16. 答案（√）。

答题解析：考察土的构造的定义。土的构造是指同一层土中，土颗粒之间相互关系的特征。常见的构造有层状构造、分散构造、裂隙构造等。

17. 答案（√）。

答题解析：考察土的结构的定义。土的结构是指土粒大小、形状、表面特征、相互排列及其连接关系。

18. 答案（×）。

答题解析：考察土的结构和构造的差异。土的结构是指土的矿物成分、颗粒形状等微细观特征，土的构造是指土层的层理、裂隙及大孔隙等的宏观特征。

19. 答案（×）。

   答题解析：考察单粒结构的特征。土的结构有单粒结构、蜂窝结构和絮状结构三种基本类型。单粒结构其颗粒较大，在重力作用下下落到较为稳定的状态，土粒间的分子引力相对较小，颗粒之间几乎没有联结。是碎石土和砂土的结构特征。

20. 答案（√）。

   答题解析：考察无黏性土的结构的特征。单粒结构其颗粒较大，在重力作用下下落到较为稳定的状态，土粒间的分子引力相对较小，颗粒之间几乎没有联结，是碎石土和砂土的结构特征。

21. 答案（×）。

   答题解析：考察层状构造。层状构造是指土层有不同颜色或不同粒径的土组成层理，一层一层互相平行。这种构造反映不同年代不同搬运条件形成的土层，为细粒土的一个重要特征。

22. 答案（×）。

   答题解析：考察土的分类。土是岩石风化的产物。土按地质成因可分为残积土、坡积土、洪积土、冲积土、淤积土、冰积土和风积土等。

23. 答案（√）。

   答题解析：考察黄土的特征。黄土是指在第四纪干旱和半干旱气候条件下形成的，以粉粒为主，含碳酸盐，具有大孔隙、质地均一，无明显层理而有显著垂直节理的黄色陆相沉积物。黄土按是否具有湿陷性分为湿陷性黄土和非湿陷性黄土。

24. 答案（×）。

   答题解析：考察黄土的分类及特征。黄土是指在第四纪干旱和半干旱气候条件下形成的，以粉粒为主，含碳酸盐，具有大孔隙、质地均一，无明显层理而有显著垂直节理的黄色陆相沉积物。黄土按是否具有湿陷性分为湿陷性黄土和非湿陷性黄土。

25. 答案（×）。

   答题解析：考察残积土的定义。残积土是地表岩石经过分化和剥蚀后残留在原地的碎屑物，残积土中残留碎屑的矿物成分在很大程度上与下卧基岩一致。坡积土是高处的岩石经风化后的产物，由于受到雨水、融雪、水流的搬运，或由于重力的作用而沉积在较平缓的山坡上的沉积物，坡积土的矿物成分与下卧基岩没有直接关系。

26. 答案（√）。

   答题解析：考察残积土的特征。残积土是地表岩石经过分化和剥蚀后残留在原地的碎屑物，残积土中残留碎屑的矿物成分在很大程度上与下卧基岩一致。

27. 答案（√）。

   答题解析：考察岩石的物理风化。岩石的崩解破碎是物理风化的表现形式之一。

28. 答案（×）。

   答题解析：考察洪积土的定义。洪积土是由暴雨或大量融雪骤然集聚而成的暂时性山洪急流，将大量基岩风化产物或基岩剥蚀、搬运、堆积于山谷冲沟出口或山前倾斜平原而形成的沉积物。

29. 答案（×）。

答题解析：考察河积土的定义。河积土是由河流的水流将岩屑搬运、沉积在河床较平缓地带而形成的沉积物。主要包括河床沉积土、河漫滩沉积土、河流阶地沉积土和三角洲沉积土。

30. 答案（×）。

答题解析：考察河积土的形成。

31. 答案（×）。

答题解析：考察沉积土按沉积年代分类。土按沉积年代分为老沉积土和新近沉积土。老沉积土是指第四纪晚更新世及其以前沉积的土，一般具有较高的强度和较低的压缩性，新近沉积土是指第四纪全新世中近期沉积的土，一般为欠固结的，且强度较低。

32. 答案（×）。

答题解析：考察坡积土的形成。坡积土是高处的岩石风化产物，由于受到雨水、融雪、水流的搬运，或由于重力的作用而沉积在较平缓的山坡上的沉积物。

33. 答案（√）。

答题解析：考察砂类土的定义。粗粒类土中砾粒组质量小于或等于总质量 50% 的土称为砂类土。

34. 答案（×）。

答题解析：考察细粒土的分类。根据《公路土工试验规程》（JTG 3430—2020）规定，黏土是指 $I_P \geqslant 0.73(\omega_L - 20)$ 且 $I_P \geqslant 10$ 的细粒土；粉土是指 $I_P < 0.73(\omega_L - 20)$ 且 $I_P < 10$ 的细粒土。$\omega_L \geqslant 50$ 为高液限，$\omega_L < 50$ 为低液限。

35. 答案（√）。

答题解析：考察黄土的定义。黄土是一种灰黄色、棕黄色的粉粒为主的风积物，具有垂直节理，均匀无层理，部分具有湿陷性。

36. 答案（√）。

答题解析：考察河漫滩冲击土的特点。

37. 答案。（×）。

答题解析：考察湖边沉积土与湖心沉积土的区别。湖积土可分为湖边沉积土和湖心沉积土两种。湖边沉积土主要由湖浪冲蚀湖岸、破坏岸壁形成的碎屑物质组成，具有明显的斜层理构造。湖心沉积土是由河流和湖流夹带的细小悬浮颗粒到达湖心后沉积形成的，主要是黏土和淤泥，常夹有细砂、粉砂薄层，具有压缩性高、强度低的特点。

38. 答案（√）。

答题解析：考察黄土的分布范围。

39. 答案（√）。

答题解析：略。

40. 答案（×）。

答题解析：考察含细粒土砾与细粒土质砾的区别。《公路土工试验规程》（JTG 3430—2020）规定，含细粒土砾是指细粒含量在 5%～15% 之间的砾类土。细粒土质砾是指在15％~50％之间的砾类土。

41. 答案（×）。

答题解析：考察砂类土的分类。《公路土工试验规程》（JTG 3430—2020）规定，砂类土应根据其中细粒含量及类别、粗粒组的级配进行分类定名。

42. 答案（√）。

答题解析：考察细粒土的定义。参见《公路土工试验规程》（JTG 3430—2020）第4.4.1条。

43. 答案（×）。

答题解析：参见《公路土工试验规程》（JTG 3430—2020）第4.3.1条。

44. 答案（×）。

答题解析：参见《公路土工试验规程》（JTG 3430—2020）第4.4.4条。

45. 答案（√）。

答题解析：参见《公路土工试验规程》（JTG 3430—2020）第4.4.4条。

46. 答案（√）。

答题解析：考察软弱土的特征。

47. 答案（×）。

答题解析：考察软弱土的特征。软弱土地基变形大、强度低，对建筑物危害较大。

48. 答案（√）。

答题解析：考察膨胀土的定义及特点。

49. 答案（√）。

答题解析：考察膨胀土的自由膨胀率的计算。

$$\delta_{ef} = \frac{V_w - V_0}{V_0} \times 100\% = \frac{16 - 10}{10} \times 100\% = 60\%$$

50. 答案（√）。

答题解析：$\delta_{ef} = \frac{V_w - V_0}{V_0} \times 100\% = \frac{18 - 10}{10} \times 100\% = 80\%$。

51. 答案（×）。

答题解析：季节性冻土是指只在冬季气温降至0℃以下才冻结，春季气温上升而融化。我国华北、东北与西北大部分地区为此类冻土。

52. 答案（×）。

答题解析：多年冻土是指含有固态水，且冻结状态持续两年或两年以上的土。当温度条件变化时，其物理力学性质随之改变，并产生冻胀、融陷现象。

53. 答案（√）。

答题解析：考察物理风化的表现形式。

54. 答案（×）。

答题解析：岩石裂隙中的水在由液态变成固态，体积膨胀，产生很大压力，使岩石裂隙扩大，使岩石胀裂、崩解。

55. 答案（√）。

答题解析：略。

56. 答案（√）。

答题解析：考察生物物理风化作用的表现形式。

57. 答案（√）。

答题解析：考察生物物理风化作用的表现形式。

58. 答案（×）。

答题解析：考察生物化学风化作用的表现形式。

59. 答案（√）。

答题解析：考察土的特征。岩石只是经过破碎、剥蚀、搬运、沉积的作用，属于物理风化作用，所以形成土颗粒的矿物成分与母岩相同。

60. 答案（√）。

答题解析：考察土的形成及特征。

61. 答案（√）。

答题解析：考察残积土的定义。

62. 答案（√）。

答题解析：坡积土是高处的岩石风化产物，由于受到雨水、融雪、水流的搬运，或由于重力的作用而沉积在较平缓的山坡的沉积物。在斜坡较陡地段的坡积土常较薄，而在坡角地段的坡积土则较厚。

63. 答案（√）。

答题解析：考察洪积土的定义。

64. 答案（√）。

答题解析：考察平原河谷冲积土的特征。

65. 答案（√）。

答题解析：考察矿物的组成。矿物有原生矿物和次生矿物之分。

66. 答案（×）。

答题解析：蜂窝结构是以粉粒为主的土的结构特征，絮状结构是以黏粒为主的土的结构特征。具有蜂窝结构和絮状结构的土，其土粒之间有着大量的孔隙，结构不稳定。

（二）单项选择题

1. 答案（B）。

答题解析：考察土的野外现场鉴别。土中有机质包括未完全分解的动植物残骸和完全分解的无定形物质。后者多呈黑色、青黑色或暗色，有臭味，有弹性和海绵感。

2. 答案（D）。

答题解析：考察河床冲积土的特征。河床冲积土主要分布在河床地带，其次分布在阶地上。河床冲积土在山区河流或河流上游，大多为粗大的石块、砾石和粗砂，中下游或者中原地区沉积物逐渐变细。

3. 答案（A）。

答题解析：考察土的分类标准。《公路土工试验规程》（JTG 3430—2020）规定，巨粒类土是指试样中巨粒组质量大于总质量50％的土。粗粒类土是指试样中粗粒组质量大于总质量 50％的土。细粒类土是指试样中细粒组质量大于或等于总质量 50％的土。

4. 答案（A）。

答题解析：考察红黏土的特征。红黏土在自然状态下呈致密状，无节理，表部呈坚硬、硬塑状态。

5. 答案（A）。

答题解析：《公路土工试验规程》（JTG 3430—2020）规定，考察巨粒混合土的定义。巨粒混合土是指试样中巨粒组质量为总质量的 15％～50％的土。

6. 答案（B）。

答题解析：考察粗粒类土的定义。《公路土工试验规程》（JTG 3430—2020）规定，粗粒类土是指试样中粗粒组质量大于总质量 50％的土。

7. 答案（D）。

答题解析：考察砾类土的定义。《公路土工试验规程》（JTG 3430—2020）规定，砾类土是指粗粒类土中砾粒组质量大于总质量 50％的土。

8. 答案（D）。

答题解析：考察残积土的定义。

9. 答案（D）。

答题解析：考察砂类土的定义。《公路土工试验规程》（JTG 3430—2020）规定，砂类土是指粗粒类土中砾粒组质量小于或等于总质量 50％的土。

10. 答案（B）。

答题解析：考察巨粒类土的定义。

11. 答案（B）。

答题解析：考察细粒土的分类。《公路土工试验规程》（JTG 3430—2020）规定，CHO 为有机质高液限黏土，MHO 为有机质高液限粉土。

12. 答案（B）。

答题解析：考察细粒土的分类标准。A 线方程式为 $I_P = 0.73（\omega_L - 20）$，A 线上侧为黏土，下侧为粉土。B 线方程式为 $\omega_L = 50\%$，B 线左侧为低液限，B 线右侧为高液限。

13. 答案（B）。

答题解析：考察软土的特性。软土是指天然孔隙比大于或等于 1.0，且天然含水率大于液限的细粒土。软土具有触变性、流变性、高压缩性、低强度、低透水性和不均匀性等性质。

14. 答案（C）。

答题解析：考察坡积土的定义。

15. 答案（B）。

答题解析：考察洪积土的定义。

16. 答案（D）。

答题解析：考察风积土的定义。

17. 答案（B）。

答题解析：考察土的结构特征。单粒结构是碎石土和砂土的结构特征。蜂窝结构是以粉粒为主的结构特征。絮状结构是以黏粒为主的结构特征。

18. 答案（A）。

答题解析：考察碳酸化作用的定义。

19. 答案（A）。

答题解析：考察河漫滩沉积土的特征。

20. 答案（A）。

答题解析：考察土的各种结构特征。单粒结构是碎石土和砂土的结构特征。蜂窝结构是以粉粒为主的结构特征。絮状结构是以黏粒为主的结构特征。

21. 答案（D）。

答题解析：考察风化作用的定义。

22. 答案（C）。

答题解析：考察有机质的成因。土中的有机质包括未完全分解的动植物残骸和完全分解的无定形物质，是由生物风化作用形成的。

23. 答案（A）。

答题解析：考察松砂的特征。松砂具有孔隙比大、承载力低的特点，饱和松砂易于发生液化。

24. 答案（D）。

答题解析：考察单粒结构的特征。单粒结构是砂土和碎石土的结构特征。因其颗粒较大，在重力作用下下落到较为稳定的状态，土粒间的分子引力相对较小，颗粒之间几乎没有联结。

25. 答案（D）。

答题解析：考察土的层状构造。

26. 答案（B）。

答题解析：考察淤泥质土的特征。淤泥质土是指天然含水率大于液限，天然孔隙比在 1.0～1.5 之间的土。现场鉴别特征为：深灰色，有光泽，味臭，除腐殖质外尚含有少量未完全分解的动植物体，浸水后水面出现气泡，干燥后体积收缩。

27. 答案（D）。

答题解析：考察膨胀土的定义。

28. 答案（B）。

答题解析：考察冻土的分类。

29. 答案（A）。

答题解析：考察黄土湿陷性的判定。当湿陷系数小于 0.015 时，应定为非湿陷性黄土；当湿陷性系数大于或等于 0.015 时，应定为湿陷性黄土。

30. 答案（D）。

答题解析：考察物理风化作用的表现形式。

31. 答案（A）。

答题解析：考察土的定义，土是岩石风化的产物。

32. 答案（A）。

答题解析：考察土的结构特征。单粒结构是碎石土和砂土的结构特征。卵石是碎石土的一种。

33. 答案（B）。

答题解析：考察蜂窝结构的特征。蜂窝结构是以粉粒为主的土的结构特征。粒径在 $0.005\sim0.075$mm 的土粒在水中沉积时，在下沉过程中碰上已沉积的土粒时，土粒间的引力相对自重而言足够大，此颗粒就停留在最初的接触位置上不再下沉，形成大孔隙的蜂窝状结构。

34. 答案（D）。

答题解析：考察正长石的水解。

35. 答案（C）。

答题解析：考察细粒土的分类。含粗粒的细粒土，粗粒中砾粒占优势时称为含砾细粒土。

36. 答案（A）。

答题解析：考察漂石的定义。

37. 答案（D）。

答题解析：考察土的分类定名及粒组的划分。细粒组质量不大于总质量的 5% 的土称为砾。

38. 答案（C）。

答题解析：考察土的分类定名。土中粗粒组质量大于总质量 50%，砾粒组质量小于总质量 50% 的土为砂类土，细粒含量 $5\%\sim15\%$ 之间的砂类土定名为含细粒土砂。

39. 答案（B）。

答题解析：考察土的分类定名。巨粒组（粒径大于 60mm）含量为 62.8%，介于 $50\%\sim75\%$ 之间，应分类为混合巨粒土。

40. 答案（A）。

答题解析：考察土的定名。
$I_P = 51.5 - 26.7 = 24.8 > 10$，$0.73(\omega_L - 20) = 0.73 \times (51.5 - 20) = 23 < I_P$，应为黏土；并且液限 $\omega_L = 51.5\% > 50\%$，应为高液限，根据规范定名为高液限黏土。

41. 答案（D）。

答题解析：考察土的定名。
$I_P = 31.7 - 23.8 = 7.9 < 10$，$0.73(\omega_L - 20) = 0.73 \times (31.7 - 20) = 8.5 > I_P$，应为粉土；并且液限 $\omega_L = 31.7\% < 50\%$，应为低液限；并且粗粒中砂粒占优势，根据规范定名为含砂低液限粉土。

42. 答案（A）。

答题解析：考察自由膨胀率的计算。
$$\delta_{ef} = \frac{V_w - V_0}{V_0} \times 100\% = \frac{15 - 10}{10} \times 100\% = 50\%$$

（三）多项选择题

1. 答案（BCD）。

答题解析：考察土的结构类型。土的结构类型有单粒结构、蜂窝结构和絮状结构三种类型。

2. 答案（ABD）。

答题解析：考察砾类土的分类。砾类土根据粒组含量的不同分为砾、含细粒土砾和细粒土质砾。

3. 答案（ABC）。

答题解析：考察细粒类土的分类。按照规程细粒类土分为细粒土、含粗粒的细粒土和有机质土。

4. 答案（AC）。

答题解析：考察塑性图的知识点。规程规定，细粒土应根据塑性图分类，塑性图的横坐标为土的液限，纵坐标为塑性指数。

5. 答案（BCD）。

答题解析：考察砂类土的分类。规程规定，砂类土根据其中细粒含量及类别、粗粒组的级配分为砂（细粒含量小于 5％）、含细粒土砂（细粒含量 5％～15％）和细粒土质砂（15％＜细粒含量≤50％）。

6. 答案（BD）。

答题解析：考察细粒土的分类。

7. 答案（ABCD）。

答题解析：考察冲积土的特征。冲积土是由河流的水流将岩屑搬运、沉积在河床较平缓地带，所形成的沉积物。所以粗颗粒首先沉积在河流上流，颗粒向下游逐渐变细，并且经搬运后磨圆度较好，层理清楚。

8. 答案（ACD）。

答题解析：考察残积土的特征。残积土是地表岩石经过风化和剥蚀后残留在原地的碎屑物。残积土中残留碎屑的矿物成分在很大程度上与下卧基岩一致。由于残积土未经搬运，其颗粒大小未经分选和磨圆，故其颗粒大小混杂，均质性差。

9. 答案（ABC）。

答题解析：考察风化作用的分类。

10. 答案（AC）。

答题解析：考察物理风化作用的表现形式。物理风化作用的表现形式有剥离、冰劈、晶胀等。

11. 答案（BCD）。

答题解析：考察化学风化作用的表现形式。化学风化作用有水化作用、氧化作用、水解作用和碳酸化作用等。

第二部分　土的三相组成及颗粒级配

知识点：

本部分要求掌握土的三相组成及其各相的特点、土的颗粒级配，熟悉应用土的级配指标进行级配情况判别。

（一）判断题

1. 答案（√）。

答题解析：考察土的定义。土是岩石风化的产物，是由固相、液相和气相组成的三相集合体。

2. 答案（√）。

答题解析：考察土中结合水的类型。结合水是受土粒表面电场吸引的水，分为强结合水和弱结合水。

3. 答案（×）。

答题解析：考察强结合水的特点。强结合水被颗粒表面电荷引力牢固的吸附。强结合水性质接近于固态，不冻结，比重大于 1，具有很大的黏滞性，不受外力转移，冰点很低，沸点很高，$-78℃$ 才冻结，在 $105℃$ 以上才蒸发，不传递静水压力。

4. 答案（×）。

答题解析：考察土中水的特征。土中的水按其形态可分为液态水、固态水和气态水。

5. 答案（√）。

答题解析：考察土的气相的组成。

6. 答案（×）。

答题解析：考察颗粒分析试验的方法。筛分法适用于土颗粒粒径 $0.075\sim60mm$ 的土，密度计法适用于土颗粒粒径小于 $0.075mm$ 的土。

7. 答案（√）。

答题解析：考察不均匀系数的特征。

8. 答案（×）。

答题解析：考察不均匀系数的特征。不均匀系数 C_u 越大，表示粒度的分布范围越大，土粒越不均匀，级配越良好。

9. 答案（√）。

答题解析：考察土的三相比例指标的组成。

10. 答案（√）。

答题解析：考察土的三相组成对土性质的影响。

11. 答案（×）。

答题解析：考察颗粒级配的特征。良好的级配使土更加密实。

12. 答案（×）。

答题解析：考察土中的水。土中的液态水分为结合水和自由水，自由水分为重力水和毛细水。

13. 答案（×）。

答题解析：考察不均匀系数的定义。砂土的不均匀系数 C_u 的计算公式为 $\dfrac{d_{60}}{d_{10}}$。

14. 答案（×）。

答题解析：考察曲率系数的定义。砂土的曲率系数 C_c 的计算公式为 $\dfrac{d_{30}^2}{d_{10}d_{60}}$。

15. 答案（√）。

答题解析：考察不均匀系数的计算。砂土的不均匀系数 C_u 为 $\dfrac{d_{60}}{d_{10}} = \dfrac{0.58}{0.16} = 3.63$。

16. 答案（√）。
答题解析：考察颗粒级配曲线的特征。

17. 答案（×）。
答题解析：考察不均匀系数的应用。$d_{60} = C_u d_{10} = 3.52 \times 0.19 = 0.67(\text{mm})$。

18. 答案（√）。
答题解析：考察砂土级配良好的判断标准。砂土级配良好的条件为 $C_u \geqslant 5$，且 $C_c = 1 \sim 3$。

19. 答案（×）。

答题解析：考察不均匀系数的计算。砂土的不均匀系数 $C_u = \dfrac{d_{60}}{d_{10}} = \dfrac{0.94}{0.12} = 7.83$。

20. 答案（√）。

答题解析：考察曲率系数的计算。砂土的曲率系数 C_c 的计算公式为 $\dfrac{d_{30}^2}{d_{10}d_{60}} = \dfrac{0.45^2}{0.12 \times 0.94} = 1.80$。

21. 答案（√）。
答题解析：考察筛分法试验时标准筛的放置顺序。

22. 答案（×）。
答题解析：考察土的级配特征。当土粒粒径大小相差悬殊，较大颗粒间的孔隙被较小颗粒所填充，土的密实度较好时称为级配良好土。

23. 答案（×）。
答题解析：考察颗粒级配曲线的特征。颗粒级配曲线平缓，表明土粒粒径范围广，粒径大小相差悬殊。

24. 答案（√）。
答题解析：考察土的颗粒级配的定义。

25. 答案（×）。
答题解析：考察颗粒级配曲线的特征。横坐标为粒径的对数，纵坐标为小于（或大于）某粒径的土质量百分数。

26. 答案（√）。

答题解析：考察不均匀系数的特点。不均匀系数反映大小不同粒组的分布情况，越大表示土粒大小的分布范围越大。

27. 答案（×）。

答题解析：考察土的结构的特征。单粒结构是无黏性土的基本结构形式，颗粒较大；蜂窝结构主要是由粉粒（粒径 0.005～0.0075mm）组成；絮状结构主要由黏粒（粒径小于 0.005mm）组成。

28. 答案（×）。

答题解析：考察级配良好砂砾的判定标准。砂土级配良好的条件为 $C_u \geqslant 5$，且 $C_c = 1 \sim 3$。

29. 答案（×）。

答题解析：考察土中水的状态。土中水以固态水、液态水和气态水存在。

30. 答案（×）。

答题解析：考察土的密实度。呈密实状态单粒结构的土，可作为良好的天然地基；具有疏松状态的单粒结构土，如未经处理一般不宜直接作为建筑物地基。

31. 答案（×）。

答题解析：考察无黏性土的特征。无黏性土的颗粒一般较大，颗粒之间没有黏聚力。

32. 答案（×）。

答题解析：考察黏性土的特征。黏性土颗粒较细，含黏土矿物成分较多时，由于黏土矿物对水的吸附性，水对黏性土的性质影响较大。

33. 答案（√）。

答题解析：考察土的构造的定义。

34. 答案（√）。

答题解析：考察留筛土质量百分数的计算。

35. 答案（√）。

答题解析：考察土的亲水性特征。土的比表面积越大，吸水性越强。

36. 答案（√）。

答题解析：砂土颗粒的结构形式为单粒结构，其通常是物理风化的产物。

（二）单项选择题

1. 答案（C）。

答题解析：考察原生矿物的形式。原生矿物是岩石经过物理风化作用形成的碎屑物。常见的原生矿物有石英、长石、云母等。

2. 答案（C）。

答题解析：考察土中自由水的组成。土中自由水是不受土粒电场吸引的水，其性质与普通水相同，包括毛细水和重力水。

3. 答案（B）。

答题解析：考察次生矿物的存在形式。次生矿物是岩石经化学风化作用而形成的新矿物形式，主要是黏土矿物，常见的黏土矿物有高岭石、蒙脱石和伊利石。

4. 答案（D）。

答题解析：考察黏土矿物的存在形式，常见的黏土矿物有高岭石、蒙脱石和伊利石。

5. 答案（B）。

答题解析：考察黏土矿物的亲水性。黏土矿物吸附水的能力从强到弱为蒙脱石、伊利石和高岭石。

6. 答案（C）。

答题解析：考察黏土矿物的特征。黏土矿物是很细小的扁平颗粒，颗粒表面具有很强的与水相互作用的能力，土粒之间的联结强度很大，表面积越大，带电荷越多。

7. 答案（A）。

答题解析：考察土中有机质的特征。

8. 答案（A）。

答题解析：考察次生矿物的存在形式。次生矿物是岩石经化学风化作用而形成的新矿物形式，主要是黏土矿物，常见的黏土矿物有高岭石、蒙脱石和伊利石。

9. 答案（B）。

答题解析：考察原生矿物的形成。

10. 答案（A）。

答题解析：考察次生矿物的形成。次生矿物一般由原生矿物经化学风化作用直接生成，其成分与母岩不同。

11. 答案（C）。

答题解析：考察原生矿物的存在形式。原生矿物主要有石英、长石、云母等。

12. 答案（C）。

答题解析：考察土中有机质的来源。土中的有机质是未完全分解的动植物残骸、粪便和无定形物质。有机质呈黑色、青黑色或暗色，有臭味，手触有弹性和海绵感。

13. 答案（A）。

答题解析：考察土中水的特性。结合水受土粒表面电场的吸引，不能传递静水压力，其性质呈黏滞状态。自由水不受土粒电场吸引，其性质与普通水相同，可以传递静水压力。

14. 答案（D）。

答题解析：考察结合水的特点。结合水受土粒表面电场的吸引，不能传递静水压力，其性质呈黏滞状态。

15. 答案（B）。

答题解析：考察强结合水的特性。强结合水是指紧靠土粒表面的结合水。它的特征是：没有溶解盐类的能力，不能传递静水压力。极其牢固的结合在土粒表面上，其性质接近于固体，具有极大的黏滞度、弹性和抗剪强度。

16. 答案（C）。

答题解析：考察毛细水的特征。毛细水存在于地下水位以上的透水土层中，由于水和空气交界面处弯液面产生的表面张力作用，土中自由水从地下水位通过毛细管逐渐上升，形成自由水。在工程中，因为毛细水的上升对于建筑物地下部分的防潮措施和地基土的冻胀有重要影响。

17. 答案（D）。

答题解析：考察砂的假黏结力现象，即毛细黏聚力。

18. 答案（B）。

答题解析：考察黏性土中水的特征。

19. 答案（B）。

答题解析：考察土中气体的特性。土中气体可分为自由气体和封闭气体。自由气体与大气联通，对土的性质影响不大。封闭气体与大气隔绝，增大了土的弹性和压缩性，对土的性质有较大影响，如透水性减小、延长变形稳定的时间等。

20. 答案（A）。

答题解析：考察土的三相组成特征。

21. 答案（C）。

答题解析：考察土的粒组的划分。巨粒组粒径大于 60mm，粗粒组粒径介于 0.075mm 与 60mm 之间，细粒组粒径不大于 0.075mm。

22. 答案（A）。

答题解析：考察细粒组亚类的划分。细粒组分为粉粒和黏粒。

23. 答案（A）。

答题解析：考察土的颗粒级配的应用。无黏性土可以通过土的颗粒级配来进行分类定名。

24. 答案（D）。

答题解析：考察巨粒组的亚类划分。巨粒组分为漂石（块石）组和卵石（碎石）组。

25. 答案（D）。

答题解析：考察土的饱和度的定义。气体含量为 0，表明土的饱和度为 100%，处于饱和状态。

26. 答案（A）。

答题解析：土中孔隙里有液态水和气体，存在固相、液相和气相，为湿土（三相土）。

27. 答案（B）。

答题解析：考察土的饱和度。土中只存在固相和气相时，饱和度为 0，为干土。

28. 答案（B）。

答题解析：考察强结合水的特性。强结合水是指紧靠土粒表面的结合水。其性质接近于固体，具有极大的黏滞度、弹性和抗剪强度。

29. 答案（B）。

答题解析：考察毛细水的特征。

30. 答案（A）。

答题解析：考察土的组成对土性质的影响。自由气体与外界相连通，对土的性质影响不大。

31. 答案（D）。

答题解析：考察土的颗粒分析试验。筛析法适用于粒径大于 0.075mm 的土；密度计法和移液管法适用于粒径小于 0.075mm 的土；如土中粗细兼有，则联合使用筛析法及密度计法或移液管法。

32. 答案（D）。

答题解析：考察土的颗粒级配。对于粒径小于 0.075mm 的粗粒组可用密度计法测定。

33. 答案（B）。

答题解析：考察土的颗粒级配试验方法。对于粒径小于 0.075mm 的粗粒组可用密度计法测定。

34. 答案（C）。

答题解析：考察土的不均匀系数。土的不均匀系数为 $\dfrac{d_{60}}{d_{10}}$，反映颗粒大小不均匀的程度。不均匀系数越大，表示颗粒级配曲线的坡度越平缓，土粒粒径的变化范围越大，土粒越不均匀。工程上常将 $C_u<5$ 的土称为均匀土，把 $C_u\geqslant5$ 的土称为不均匀土。

35. 答案（D）。

答题解析：考察土中水的组成及特点。重力水存在于地下水位以下的透水层中，对土粒有浮力作用。

36. 答案（C）。

答题解析：考察曲率系数的特征。

37. 答案（D）。

答题解析：考察级配良好土的特征。《建筑地基基础设计规范》（GB 50007—2011）中规定：级配良好的土必须同时满足 $C_u\geqslant5$ 和 $C_C=1\sim3$。

38. 答案（B）。

答题解析：筛析法试验。颗粒分析试验的筛析法适用于粒径大于 0.075mm 的土，试验筛分为粗筛和细筛。粗筛的孔径为 60mm、40mm、20mm、10mm、5mm 和 2mm；细筛的孔径为 2.0mm、1.0mm、0.5mm、0.25mm、0.1mm 和 0.075mm。

39. 答案（C）。

答题解析：考察土的颗粒级配曲线的特征。土的颗粒级配曲线中，纵坐标表示小于或大于某粒径的土占总质量的百分数；横坐标表示土的粒径，采用对数坐标表示。

40. 答案（C）。

答题解析：颗粒级配曲线平缓表示所代表的土样所含土粒粒径范围广，粒径大小相差悬殊，土的密实度较好，级配良好。

41. 答案（D）。

答题解析：考察不均匀系数的定义。$C_u=\dfrac{d_{60}}{d_{10}}$，$d_{10}$ 称为有效粒径，在颗粒级配曲线上小于该粒径的颗粒质量占总土质量的 10% 的粒径；d_{60} 称为限定粒径，在颗粒级配曲线上小于该粒径的颗粒质量占总土质量的 60% 的粒径。

42. 答案（C）。

答题解析：考察不均匀系数的定义。$C_u=\dfrac{d_{60}}{d_{10}}$。

43. 答案（D）。

答题解析：考察土的不均匀系数的计算。$C_u = \dfrac{d_{60}}{d_{10}} = \dfrac{0.84}{0.14} = 6.0$。

44. 答案（D）。

答题解析：略。

45. 答案（D）。

答题解析：考察曲率系数的计算。$C_c = \dfrac{d_{30}^2}{d_{10}d_{60}} = \dfrac{0.37^2}{0.12 \times 0.86} = 1.33$。

46. 答案（A）。

答题解析：考察土的颗粒级配曲线的特征。颗粒级配曲线较缓，说明土中颗粒大小都有，颗粒级配为良好。

47. 答案（D）。

答题解析：考察土的颗粒级配曲线的特征。颗粒级配曲线较陡，说明土中颗粒大小相近，颗粒级配为不良。

48. 答案（C）。

答题解析：考察级配良好土的特征。级配良好的土，孔隙率小，密实性好，强度和稳定性好，密度大。

49. 答案（A）。

答题解析：考察密度计法的特征。密度计法适用于粒径小于 0.075mm 的细粒土。

50. 答案（A）。

答题解析：考察有效粒径的定义。有效粒径为小于某粒径的土粒质量占总质量的 10% 时相应的粒径。

51. 答案（B）。

答题解析：考察级配良好的判定标准。对于砂类土和砾类土，当不均匀系数 $C_u \geqslant 5$ 且曲率系数在 $C_c = 1 \sim 3$ 时，级配良好；如不能同时满足上述条件，则级配不良。

52. 答案（D）。

答题解析：考察级配良好的判定标准。仅有 $d_{10} = 0.18$mm，$d_{30} = 0.39$mm，不能确定不均匀系数和曲率系数，故无法判断土的级配情况。

53. 答案（B）。

答题解析：考察级配良好的判定标准。$C_u = \dfrac{d_{60}}{d_{10}} = \dfrac{0.84}{0.14} = 6 > 5$，$C_c = \dfrac{d_{30}^2}{d_{10}d_{60}} = \dfrac{0.39^2}{0.14 \times 0.84} = 1.29$ 介于 $1 \sim 3$ 之间，故该砂土级配良好。

54. 答案（D）。

答题解析：考察移液管法的使用范围。移液管法适应于粒径小于 0.075mm 颗粒大小分析试验。

55. 答案（A）。

答题解析：考察试样的选取。为使试样具有代表性，规范规定，颗粒大小分析试验从风干、松散的土样中，用四分法取出代表性试样。

56. 答案（A）。

答题解析：考察粒组含量的计算。$\dfrac{89.3}{350} = 25.5\%$。

57. 答案（C）。

答题解析：考察粒组含量的计算。$\dfrac{26.9}{300} = 9.0\%$。

58. 答案（D）。

答题解析：考察粒组含量的计算。$\dfrac{90.7 + 31.2 + 65.6}{360} = 52.1\%$。

59. 答案（C）。

答题解析：考察粒组含量的计算。$1 - \dfrac{25.7}{300} = 91.4\%$。

60. 答案（A）。

答题解析：考察粒组含量的计算。$\dfrac{245.6}{350} = 70.2\%$。

61. 答案（A）。

答题解析：考察粒组含量的计算。$\dfrac{150 + 70 + 40}{500} = 52\%$。

62. 答案（B）。

答题解析：考察粒组含量的计算。$1 - \dfrac{50}{500} = 90\%$。

63. 答案（B）。

答题解析：考察原生矿物的常见形式。常见的原生矿物有石英、长石、云母、角闪石等。

64. 答案（C）。

答题解析：考察粒组划分的标准，粒组划分以大小和性质相近原则来划分，但是不同行业粒组的划分标准不同。

65. 答案（D）。

答题解析：考察颗粒级配的应用。压实系数为控制填土干密度和最大干密度的比值，所以颗粒级配无法确定压实系数。

66. 答案（A）。

答题解析：考察颗粒分析试验中各种方法的适用范围。筛析法适用于粒径大于0.075mm 的土；密度计法和移液管法适用于粒径小于0.075mm 的土；如土中粗细兼有，则联合使用筛析法及密度计法或移液管法。

67. 答案（B）。

答题解析：规程规定：对无黏性土做筛析法试验时，将试样通过孔径为2mm 的细筛，分别称出筛上和筛下土质量。2mm 筛下的土，小于试样总质量的10%，则可省略细筛筛析；2mm 筛上的土，小于试样总质量的10%，则可省略粗筛筛析。

68. 答案（B）。

答题解析：黏土矿物是次生矿物的一种，常见的黏土矿物有蒙脱石、伊利石和高岭石。

69. 答案（A）。

答题解析：粒径小于 0.075mm 的试样质量占试样总质量的百分比为 $\frac{36.8}{350} \times 100\% =$ 10.5%＞10%，应该按密度计法或移液管法测定粒径小于 0.075mm 的颗粒组成。

70. 答案（B）。

答题解析：2mm 筛上的土占试样总质量的百分比为 $\frac{61.3}{500} \times 100\% = 12.3\% ＞ 10\%$，所以不能省略粗筛筛析。

（三）多项选择题

1. 答案（ABD）。

答题解析：土中封闭气体的存在，增大了土的弹性和压缩性，减小了土的透水性，延长了变形稳定时间。

2. 答案（ABC）。

答题解析：考察粒组的划分。规程规定，一般土按不同粒组的相对含量分为巨粒组、粗粒组和细粒组。

3. 答案（BD）。

答题解析：考察土的固相组成。土的固相中的矿物成分主要有原生矿物和次生矿物。

4. 答案（ABCD）。

答题解析：生矿物成分与母岩相同，常见的有石英、长石、云母、角闪石和辉石等。

5. 答案（ABC）。

答题解析：次生矿物是岩石经化学风化作用形成的新的矿物成分，主要是黏土矿物，常见的黏土矿物有高岭石、伊利石和蒙脱石等。

6. 答案（BC）。

答题解析：考察颗粒级配曲线相关知识。

7. 答案（ABC）。

答题解析：常用的颗粒分析试验方法筛析法（适用于粒径大于 0.075mm 的土）、密度计法（适用于粒径小于 0.075mm 的土）和移液管法密度计法（适用于粒径小于 0.075mm 的土）。

8. 答案（AD）。

答题解析：根据规程规定，无黏性土进行筛析法试验时，试样质量少于 500g 时称量准确至 0.1g；试样质量多于 500g 时应准确至 1g。

9. 答案（ABC）。

答题解析：考察巨粒组的亚类划分。巨粒组按颗粒大小划分为漂石（块石）组和卵石（碎石）组。

10. 答案（ACD）。

答题解析：考察砂粒组的划分。砂粒组按颗粒大小划分为粗砂、中砂和细砂。

11. 答案（AB）。

答题解析：级配良好的砂土大颗粒之间的孔隙被小颗粒所填充，相互排列，密实情况较好，孔隙率较小。

12. 答案（AC）。

答题解析：比表面表征了土颗粒表面积的相对大小，用单位体积（或质量）的颗粒总表面积来表示。土颗粒越小，比表面越大，吸附水的能力越强。

13. 答案（BCD）。

答题解析：土的不均匀系数为 $C_u = \dfrac{d_{60}}{d_{10}} = \dfrac{0.78}{0.13} = 6.0$，土的曲率系数为 $C_c = \dfrac{d_{30}^2}{d_{10} d_{60}}$ $= \dfrac{0.41^2}{0.13 \times 0.78} = 1.66$。当砂土的不均匀系数大于等于 5，且曲率系数在 1 到 3 之间时判定为级配良好。

14. 答案（AD）。

答题解析：考察土的级配情况判断。土的不均匀系数为 $C_u = \dfrac{d_{60}}{d_{10}} = \dfrac{0.92}{0.22} = 4.18$，土的曲率系数为 $C_c = \dfrac{d_{30}^2}{d_{10} d_{60}} = \dfrac{0.39^2}{0.22 \times 0.92} = 0.75$。砂土的不均匀系数小于 5，且曲率系数小于 1，故判定为级配不良。

15. 答案（AC）。

答题解析：考察土的级配情况判断。土的不均匀系数为 $C_u = \dfrac{d_{60}}{d_{10}} = \dfrac{0.65}{0.17} = 3.82$，土的曲率系数为 $C_c = \dfrac{d_{30}^2}{d_{10} d_{60}} = \dfrac{0.37^2}{0.17 \times 0.65} = 1.24$。砂土的不均匀系数小于 5，故判定为级配不良。

16. 答案（AD）。

答题解析：土的不均匀系数为 $C_u = \dfrac{d_{60}}{d_{10}}$，所以 $d_{60} = C_u d_{10} = 7.69 \times 0.18 = 1.38 (\text{mm})$；土的曲率系数为 $C_c = \dfrac{d_{30}^2}{d_{10} d_{60}}$，所以 $d_{30} = \sqrt{d_{10} d_{60} C_c} = \sqrt{0.18 \times 1.38 \times 1.86} = 0.68 (\text{mm})$。

17. 答案（BD）。

答题解析：考察土的级配指标的应用。砂土的不均匀系数大于 5，且曲率系数介于 1～3，故判定为级配良好。土的不均匀系数为 $C_u = \dfrac{d_{60}}{d_{10}}$，所以 $d_{10} = \dfrac{d_{60}}{C_u} = \dfrac{1.59}{7.37} = 0.22 (\text{mm})$。

18. 答案（BC）。

答题解析：考察颗粒级配试验方法。常见的颗粒级配试验方法有筛分法、密度计法和移液管法。

19. 答案（AC）。

答题解析：考察颗粒含量的计算。小于 0.5mm 的颗粒含量为 $\dfrac{68.2 + 77 + 31.9}{300} =$

59.0%，小于 0.25mm 的颗粒含量为 $\dfrac{77+31.9}{300}=36.3\%$。

20. 答案（AD）。

答题解析：考察颗粒含量的计算。大于 0.075mm 的颗粒含量为 $1-\dfrac{72.7}{600}=87.9\%$，小于 2mm 的颗粒含量为 $1-\dfrac{78.9}{600}=86.9\%$。

21. 答案（BC）。

答题解析：重力水存在于地下水位以下的土孔隙中，能在压力或重力的作用下流动，能够传递水压力，对土粒有浮力作用。

22. 答案（AD）。

答题解析：土的不均匀系数为 $C_u=\dfrac{d_{60}}{d_{10}}$，土的曲率系数为 $C_C=\dfrac{d_{30}^2}{d_{10}d_{60}}$。当砂土的不均匀系数大于等于 5，且曲率系数在 1 到 3 之间时判定为级配良好。

23. 答案（BC）。

答题解析：考察土的级配判断标准。土的不均匀系数为 $C_u=\dfrac{d_{60}}{d_{10}}=\dfrac{0.65}{0.08}=8.13$，土的曲率系数为 $C_C=\dfrac{d_{30}^2}{d_{10}d_{60}}=\dfrac{0.31^2}{0.08\times0.65}=1.85$。砂土的不均匀系数大于 5，且曲率系数在 1 到 3 之间，故判定为级配良好，符合工程选料的要求。

24. 答案（BC）。

答题解析：自由水是不受土粒电场吸引的水，其性质与普通水相同，分重力水和毛细水两类。重力水存在于地下水位以下的土孔隙中，毛细水存在于地下水位以上的土孔隙中。

25. 答案（ABCD）。

答题解析：弱结合水紧靠与强结合水的外侧形成一层结合水膜，不能传递静水压力，冰点低于 0℃；水膜较厚时可在土粒表面向较薄的水膜缓慢转移；当土中含有较多的弱结合水时，土具有一定的可塑性，黏性土的颗粒小，比表面大，弱结合水对黏性土的性质影响大。

26. 答案（AC）。

答题解析：考察强结合水的特征。强结合水紧靠在土粒表面，性质接近于固体，没有溶解盐类的能力，不能传递静水压力，只有吸热变成蒸汽时才能移动。

27. 答案（ABCD）。

答题解析：考察土中气体的特征。土中的气体有自由气体和封闭气体。自由气体与外界联通对土的性质影响不大；封闭气体与大气隔绝，对土体性质影响较大，增大了土的弹性和压缩性，透水性减小；当气体成分主要为易燃气体时施工要注意安全。

28. 答案（AD）。

答题解析：考察土的不均匀系数特征。土的不均匀系数为限定粒径和有效粒径之比，表征土的不均匀程度。

29. 答案（ABC）。

答题解析：考察土的级配判断标准。土的级配指标为土的不均匀系数 $C_u = \dfrac{d_{60}}{d_{10}}$ 和土的曲率系数 $C_C = \dfrac{d_{30}^2}{d_{10}d_{60}}$。

30. 答案（AB）。

答题解析：考察土中固相的组成。土的固相由矿物（分为原生矿物和次生矿物）和有机质组成。

31. 答案（ABCD）。

答题解析：考察土的液相组成。土的液相由结合水（分为强结合水和弱结合水）和自由水（分为重力水和毛细水）两大类。

32. 答案（ABC）。

答题解析：考察级配良好砾的特征。规程规定，级配良好砾需同时满足：细粒含量小于 5%、$C_u \geqslant 5$ 和 $C_C = 1 \sim 3$。

33. 答案（ABD）。

答题解析：考察高液限黏土的特征。规程规定，高液限黏土需同时满足：$I_P \geqslant 0.73(\omega_L - 20)$，$I_P \geqslant 10$ 和 $\omega_L \geqslant 50\%$。

第三部分 土的物理性质指标

知识点：

本部分要求掌握土的各种物理性质指标的定义、计算公式及试验检测方法、标准，并了解各种性质指标的相关应用。

（一）判断题

1. 答案（×）。

   答题解析：考察土的含水率的定义。《公路土工试验规程》（JTG 3430—2020）指出，土的含水率是试样在 105～110℃下烘至恒量时所失去的水质量和达到恒量后干土质量的比值，以百分数表示。

2. 答案（√）。

   答题解析：考察土的含水率试验方法。土的含水率试验方法有烘干法、酒精燃烧法、比重法等。

3. 答案（×）。

   答题解析：考察土的烘干时间。《土工试验方法标准》（GB/T 50123—2019）指出，烘干时间对黏质土不少于 8h；砂质土不少于 6h。

4. 答案（×）。

   答题解析：考察快速测定含水率的方法。比重法适用于砂类土。

5. 答案（×）。

   答题解析：考察酒精燃烧法测定土的含水率。酒精燃烧法适用于简易测定细粒土含水率（含有机质的土和盐渍土除外）。

6. 答案（√）。

   答题解析：考察土的饱和密度与有效密度的关系。土的饱和密度为 $\rho_{sat} = \dfrac{\rho_w V_v + m_s}{V}$，

   土的有效密度为 $\rho' = \dfrac{m_s - \rho_w V_s}{V}$，故 $\rho' = \rho_{sat} - \rho_w$。

7. 答案（×）。

   答题解析：考察土的孔隙比与孔隙率之间的关系。土的孔隙比 e 是土中孔隙体积与土粒体积之比，土的孔隙率 n 是土中孔隙体积与总体积的比值，$n = \dfrac{e}{1+e}$。

8. 答案（√）。

   答题解析：《土工试验方法标准》（GB/T 50123—2019）指出，为保证测试的结果，土的含水率试验需进行 2 次平行测定，取其算术平均值。

9. 答案（×）。

   答题解析：有机质土的含水率测定时，为防止温度过高，有机质分解挥发，温度在 65～70℃。酒精燃烧时，会造成有机质分解挥发。

10. 答案（√）。

答题解析：考察酒精燃烧法的适用范围。酒精燃烧法可简易测定细粒土的含水率。

11. 答案（√）。

答题解析：考察烘干法对烘干时间的要求。烘干时间对黏质土不少于8h，砂类土不少于6h。

12. 答案（√）。

答题解析：考察含水率试验的使用范围。《土工试验方法标准》（GB/T 50123—2019）指出，含水率试验适用于有机质含量不超过干土质量5％的土，当土中有机质含量在5％～10％之间，仍允许采用，但需注明有机质含量。

13. 答案（×）。

答题解析：考察饱和土的特征。饱和土是指土中孔隙完全被水所充填的土。饱和土的饱和度为100％，土的类别不同时，其含水率与饱和度无必然联系。

14. 答案（×）。

答题解析：考察饱和度和含水率之间的关系。不同的土之间含水率和饱和度无必然的联系。

15. 答案（×）。

答题解析：考察孔隙比的定义。土的孔隙比 e 是土中孔隙体积与土粒体积之比。

16. 答案（×）。

答题解析：考察饱和度和含水率之间的关系。不同的土之间含水率和饱和度无必然的联系。

17. 答案（√）。

答题解析：考察土粒比重的测定方法。土粒比重的测定方法有比重瓶法、浮称法和虹吸筒法。

18. 答案（×）。

答题解析：考察土的密度与重度的关系。土的重度等于土的密度乘以重力加速度。

19. 答案（√）。

答题解析：考察密度计法试验。密度计法是土的颗粒分析试验的一种试验方法。

20. 答案（√）。

答题解析：略

21. 答案（√）。

答题解析：考察土的饱和度的意义。$S_{sat} = \dfrac{V_w}{V_v} \times 100\%$ 。

22. 答案（×）。

答题解析：考察土的密度的定义。土的密度是指单位体积土的质量。

23. 答案（×）。

答题解析：考察土的比重的定义。土的比重是指土颗粒的质量与同体积的 4℃ 纯水质量的比值。

24. 答案（×）。

答题解析：考察土的含水率的定义。土的含水率是指土中水的质量与土颗粒质量的比值，以百分数表示。

25. 答案（√）。

考察土的孔隙比的定义。孔隙比是孔隙体积与土颗粒体积之比的物理性质指标。

26. 答案（√）。

答题解析：考察土的孔隙比的计算。$e = \dfrac{\omega d_s}{S_r} = \dfrac{25.7\% \times 2.73}{95.6\%} = 0.734$。

27. 答案（√）。
答题解析：考察饱和度和含水率的关系。对同一种土，含水率越高，饱和度越大。

28. 答案（√）。
答题解析：考察土的饱和度的特点。饱和度为 0 的土为干土，土中孔隙中不含水，完全被气体充满。

29. 答案（×）。
答题解析：考察含水率与饱和度之间的关系。不同土之间，含水率与饱和度没有必然关系。

30. 答案（×）。
答题解析：考察土的含水率的定义。土的含水率为土中水的质量与固体颗粒质量的比值。

31. 答案（√）。

答题解析：考察土的密度的计算。$\rho = \dfrac{m}{V}$。

32. 答案（√）。
答题解析：考察含水率试验的温度控制。为防止有机质的分解挥发影响含水率测定，规程规定，对含有机质超过 10% 的土，应将温度控制在 65～70℃ 的恒温下烘至恒量。

33. 答案（×）。
答题解析：考察比重法测定含水率的操作要点。搅拌的目的是为使土中气体完全排出。

34. 答案（√）。

答题解析：考察烘干法测定含水率的计算。$\omega = \dfrac{60.35 - 45.46}{45.46 - 19.83} \times 100\% = 58.1\%$。

35. 答案（×）。

答题解析：考察含水率的计算。$\omega = \dfrac{45.60 - 32.50}{32.50} \times 100\% = 40.31\%$。

36. 答案（√）。
答题解析：考察含水率测定时允许误差要求。规程规定，含水率测定的允许平行差值：含水率<10%，允许平行差值 0.5%；含水率 10%～40%，允许平行差值 1.0%；含水率>40%，允许平行差值 2.0%。含水率取 2 次平行测定的算术平均值。

37. 答案（×）。
答题解析：考察含水率测定时允许误差要求。含水率的平行差值为 16.2%－14.4%＝

1.8‰＞1‰不符合误差要求，所以此次含水率测试失败，不能得出土的含水率。

38. 答案（×）。

答题解析：考察土的密度的定义。土的密度是指单位体积土的质量。

39. 答案（×）。

答题解析：考察土的密度测定方法的使用范围。对于易碎、难以切削的土采用蜡封法。

40. 答案（√）。

答题解析：考察蜡封法试验封蜡的目的。封蜡的目的是防止水渗入土样孔隙中，封蜡时为避免易碎裂土样的扰动和有气泡封闭在土与蜡中间，规程规定采用将土样徐徐沉浸在蜡中。

41. 答案（√）。

答题解析：考察土的密度的测定。$\dfrac{159.25-41.36}{60}=1.96$（g/cm³）。

42. 答案（√）。

答题解析：考察蜡封法测土的密度的试验要点。纯水的密度随之温度的变化而变化，所以要测记纯水的温度。

43. 答案（×）。

答题解析：考察土的干密度的定义。土的干密度是指单位体积内的土粒质量。

44. 答案（×）。

答题解析：考察土粒比重的定义。规程指出，土粒比重是土在105～110℃下烘至恒量时的质量与土粒同体积4℃纯水质量的比值。

45. 答案（×）。

答题解析：考察虹吸筒法测试的适用范围。粒径大于5mm的土，其中含粒径大于20mm颗粒大于10％时，用虹吸筒法测其比重；含粒径大于20mm颗粒小于10％时，用浮称法测其比重。

46. 答案（√）。

答题解析：考察土粒比重测试时对液体的选择。一般土粒的比值测试用纯水测定，对含有可溶盐、亲水性胶体或有机质的土，须用中性液体（如煤油）测定。

47. 答案（√）。

答题解析：考察比重瓶的校正。比重瓶的玻璃在不同温度下会产生涨缩。水在不同温度下的密度也各不相同。因此，比重瓶盛装纯水至一定标记处的总质量随温度而异，故比重瓶必须进行校正。

48. 答案（√）。

答题解析：考察虹吸筒法的适用范围。虹吸筒法适用于对粒径大于5mm的土，其中含粒径大于20mm颗粒大于10％。

49. 答案（√）。

答题解析：考察土的重度的定义。土的重度是指单位体积内土的重量。

50. 答案（×）。

答题解析：考察干密度的定义。干密度是指土体单位体积内的土颗粒质量，与水的质量无关。

51. 答案（√）。

答题解析：考察三相指标的量纲。含水率和比重均为两个质量的比值，故为无量纲量。

52. 答案（√）。

答题解析：考察土的干密度的计算。$\rho_d = \dfrac{\rho}{1+\omega} = \dfrac{1.84}{1+0.2} = 1.53\,(\text{g/cm}^3)$。

53. 答案（√）。

答题解析：考察孔隙比的定义。土的孔隙比为土中孔隙体积与固体颗粒体积之比。

54. 答案（√）。

答题解析：考察孔隙率的定义。孔隙率为土中孔隙体积与土体总体积之比，以百分数表示。

55. 答案（×）。

答题解析：考察土的饱和度的定义。土的饱和度是指土中水的体积与孔隙体积的比值，以百分数表示。

56. 答案（√）。

答题解析：考察干重度的计算。$\gamma_d = \dfrac{\rho}{1+\omega}g = \dfrac{1.82}{1+0.204} \times 10 = 15.1\,(\text{kN/m}^3)$。

57. 答案（√）。

答题解析：考察土的有效重度的定义。

58. 答案（×）。

答题解析：考察各种密度之间的关系。对同一种土，$\rho_{sat} \geqslant \rho \geqslant \rho_d > \rho'$。

59. 答案（√）。

答题解析：考察土的实测指标。土的实测指标（又称基本指标）有密度、土粒比重和含水率，均由试验直接测定。

60. 答案（√）。

答题解析：考察孔隙率的计算。$n = \dfrac{e}{1+e} = \dfrac{0.625}{1+0.625} = 0.385$。

61. 答案（√）。

答题解析：考察孔隙比的计算。$e = \dfrac{G_s(1+\omega)\rho_w}{\rho} - 1 = \dfrac{2.66 \times 1.205 \times 1}{1.85} - 1 = 0.733$。

62. 答案（×）。

答题解析：考察孔隙比和孔隙率的关系。孔隙比为 $e = \dfrac{n}{1-n} = \dfrac{0.385}{1-0.385} = 0.626$。

63. 答案（√）。

答题解析：考察孔隙比的定义。孔隙比为土中孔隙体积与固体颗粒体积之比，可以大于1。

64. 答案（×）。

答题解析：考察土的饱和度与含水率的关系。不同土的含水率和饱和度之间无必然关系。

65. 答案（×）。

答题解析：考察半固态土的特征。半固态土的含水率介于缩限与塑限之间，并不为0。

66. 答案（√）。

答题解析：立即盖好称量盒盒盖可防止土与周围环境水分的交流，使测得的含水率更准确。

67. 答案（√）。

答题解析：考察烘干法的冷却要求。

68. 答案（×）。

答题解析：考察含水率的确定要求。含水率试验需进行两次平行测定，当平行差值满足规程要求时，取其二者的平均值。

69. 答案（√）。

答题解析：考察环刀法的切土要求。

70. 答案（√）。

答题解析：考察环刀法的切土要求。

71. 答案（×）。

答题解析：考察蜡封法测试要点。规程要求，将浸过蜡的土样浸没于纯水中称量，并测记纯水的温度。

72. 答案（×）。

答题解析：土粒比重无量纲。

73. 答案（√）。

答题解析：考察比重瓶法的煮沸目的。在砂浴上煮沸是为了排除土中的空气，煮沸时应注意不使土液溢出瓶外。

74. 答案（√）。

答题解析：考察比重瓶法的煮沸要点。

75. 答案（√）。

答题解析：考察比重瓶法的测试要点。

76. 答案（×）。

答题解析：考察孔隙率的计算。$n = \dfrac{e}{1+e} = \dfrac{0.856}{1+0.856} = 46.1\%$。

77. 答案（√）。

答题解析：考察孔隙比的计算。$e = \dfrac{n}{1-n} = \dfrac{0.456}{1-0.456} = 0.838$。

78. 答案（√）。

答题解析：考察土的三相比例关系。同一种土的三相比例不同，其物理性质指标也就不同，所以土的状态和工程性质也各不相同。

79. 答案（×）。

答题解析：考察土的三相组成。饱和土和干土均为二相体系。

80. 答案（×）。

答题解析：考察孔隙比和孔隙率之间的关系。$e = \dfrac{n}{1-n}$。

81. 答案（√）。

答题解析：考察土的三相组成。饱和土中仅有液相和固相，干土中仅有气相和固相。均属于二相体系。

82. 答案（√）。

答题解析：土的孔隙比的计算。$e = \dfrac{G_s(1+\omega)\rho_w}{\rho} - 1$。

83. 答案（×）。

答题解析：考察土的孔隙比的计算。$e = \dfrac{G_s(1+\omega)\gamma_w}{\gamma} - 1 = \dfrac{2.74 \times (1+0.286) \times 10}{19.6} - 1 = 0.798$。

84. 答案（√）。

答题解析：考察土的孔隙比的计算。$e = \dfrac{G_s(1+\omega)\gamma_w}{\gamma} - 1 = \dfrac{2.68 \times (1+0.205) \times 10}{19.1} - 1 = 0.691$。

85. 答案（√）。

答题解析：考察土的干重度的计算。$\gamma_d = \dfrac{\rho g}{1+w} = \dfrac{1.83 \times 10}{1+0.238} = 14.8 \, (kN/m^3)$

86. 答案（√）。

答题解析：考察土的孔隙比的计算。$e = \dfrac{G_s \gamma_w}{\gamma_d} - 1 = \dfrac{2.73 \times 10}{15.5} - 1 = 0.761$。

87. 答案（√）。

答题解析：考察土的饱和度的计算。$S_r = \dfrac{G_s w}{e} = \dfrac{2.70 \times 0.262}{0.859} = 82.4\%$。

88. 答案（×）。

答题解析：考察土的孔隙比的计算。$n = 1 - \dfrac{\gamma_d}{G_s \gamma_w} = 1 - \dfrac{15.5}{2.73 \times 10} = 0.432$。

89. 答案（×）。

答题解析：考察土的孔隙比的计算。$n = 1 - \dfrac{\rho}{G_s(1+\omega)\rho_w} = 1 - \dfrac{1.83}{2.71 \times 1.213 \times 1} = 0.443$。

90. 答案（×）。

答题解析：考察土的孔隙比的计算。$n = 1 - \dfrac{\rho}{G_s(1+\omega)\rho_w} = 1 - \dfrac{1.77}{2.72 \times 1.20 \times 1} = 0.458$。

91. 答案（√）。

答题解析：考察土的有效重度的定义。

92. 答案（×）。

答题解析：考察土的有效重度的计算。$\gamma' = \gamma_{sat} - \gamma_w = 19.8 - 10 = 9.8$（kN/m³）。

93. 答案（×）。

答题解析：考察土的有效重度的计算。$\gamma' = \gamma_{sat} - \gamma_w = 20.8 - 10 = 10.8$（kN/m³）。

94. 答案（√）。

答题解析：考察饱和土的特征。饱和土中孔隙体积完全被水充满，饱和度为100%。

95. 答案（√）。

答题解析：考察饱和度的定义。饱和度为土中水的体积与孔隙体积之比，反映了土中孔隙被水充填的程度。

96. 答案（√）。

答题解析：考察土的饱和重度的计算。$\gamma_{sat} = \dfrac{G_s + e}{1 + e}\gamma_w = \dfrac{2.70 + 0.859}{1 + 0.859} \times 10 = 19.1$（kN/m³）。

97. 答案（√）。

答题解析：考察十的有效重度的计算。$\gamma' = \dfrac{G_s - 1}{1 + e}\gamma_w = \dfrac{2.72 - 1}{1 + 0.84} \times 10 = 9.3$（kN/m³）。

98. 答案（√）。

答题解析：考察土的含水率的计算。$\omega = \dfrac{\rho}{\rho_d} - 1 = \dfrac{1.67}{1.48} - 1 = 0.128$。

（二）单项选择题

1. 答案（D）。

答题解析：考察土的含水率的测定方法。土的含水率的测定方法有烘干法、酒精燃烧法、比重法等。环刀法是测定土的密度的一种方法。

2. 答案（B）。

答题解析：简易测定细粒土的含水率的方法有酒精燃烧法，烘干法是室内试验的标准方法，比重法适用于砂类土。筛析法是进行土的颗粒分析试验的方法。

3. 答案（A）。

答题解析：考察烘干法的温度控制。规程规定有机质小于5%土的含水率时，应将温度控制在105～110℃范围烘至恒量。

4. 答案（C）。

答题解析：考察烘干法测定土的含水率。烘干时间对黏质土不少于8h，对砂类土不少于6h。

5. 答案（A）。

答题解析：考察酒精燃烧法的试验点。规程规定酒精燃烧法测含水率需燃烧试样3次。

6. 答案（B）。

答题解析：考察烘干法的烘干时间要求。规程规定，对砂类土烘干时间不得少于6h。

7. 答案（C）。

答题解析：考察烘干法试验测定土的含水率。一般情况下，烘箱温度控制在105～

$110℃$；对含有机质超过 10% 的土，应将温度控制在 $65\sim70℃$。

8. 答案（C）。

答题解析：考察含水率的计算。$\omega = \dfrac{60.35-45.46}{45.46-19.83}\times100\% = 58.1\%$。

9. 答案（B）。

答题解析：考察含水率的计算。$\omega = \dfrac{43.60-31.50}{31.50}\times100\% = 38.4\%$。

10. 答案（B）。

答题解析：考察含水率的计算。$15.8\%-15.4\% = 0.4\%<1.0\%$，符合允许平行差值的要求。$\omega = \dfrac{15.4\%+15.8\%}{2} = 15.6\%$。

11. 答案（B）。

答题解析：考察含水率的定义。土的含水率为土中水的质量与固体颗粒质量的比值。

12. 答案（A）。

答题解析：考察密度测试方法的使用范围。环刀法适用于一般黏性土。

13. 答案（D）。

答题解析：考察干密度的用途。工程上常采用填土的干密度作为控制填土的施工质量。

14. 答案（D）。

答题解析：考察含水率的运用。土中减少的水质量为 $\dfrac{1}{1+0.25}\times(25\%-20\%) = 0.04\mathrm{kg}$。

15. 答案（C）。

答题解析：考察干密度和密度之间的关系。$\rho_d = \dfrac{\rho}{1+\omega}$。

16. 答案（B）。

答题解析：考察土的干密度的计算。$\rho_d = \dfrac{\rho}{1+\omega} = \dfrac{1.84}{1+0.25} = 1.47\ (\mathrm{g/cm^3})$。

17. 答案（B）。

答题解析：考察蜡封法的适用范围。蜡封法适用于易破碎土和形态不规则的坚硬土。

18. 答案（B）。

答题解析：考察干密度的定义。干密度为固体颗粒质量与土样体积的比值。

19. 答案（A）。

答题解析：考察密度的计算。$\rho = \dfrac{m}{V} = \dfrac{161.25-41.36}{60} = 2.00\ (\mathrm{g/cm^3})$。

20. 答案（A）。

答题解析：考察土的各种密度之间的关系。$\rho_{sat}\geqslant\rho\geqslant\rho_d>\rho'$。

21. 答案（A）。

答题解析：考察土的密度的计算。$\rho = \dfrac{m}{V} = \dfrac{400}{230} = 1.74\ (\mathrm{g/cm^3})$。

22. 答案（A）。

答题解析：考察土粒比重的测定方法。《土工试验方法标准》（GB/T 50123—2019）规定：粒径小于 5mm 的土，用比重瓶法进行。粒径大于 5mm 的土，其中含粒径大于 20mm 颗粒小于 10%时，用浮称法进行，含粒径大于 20mm 颗粒大于 10%时，用虹吸筒法进行；粒径小于 5mm 部分用比重瓶法进行，取其加权平均值作为土粒比重。

23. 答案（B）。

答题解析：考察浮称法的适用范围。粒径大于 5mm 的土，其中含粒径大于 20mm 颗粒小于 10%时，用浮称法进行。

24. 答案（C）。

答题解析：考察虹吸筒法的适用范围。对粒径大于 5mm，其中含粒径大于 20mm 颗粒大于 10%的土用虹吸筒法。

25. 答案（C）。

答题解析：考察流动状态的特征。含水率为 0 的土为干土，处于固体状态。

26. 答案（D）。

答题解析：考察烘干法的温度控制。烘干法要求将温度设置在 105～110℃之间，将土烘至恒量。

27. 答案（C）。

答题解析：考察土粒比重的特征。土粒比重为土颗粒的质量与同体积 4℃纯水质量的比值，是一个无量纲的量。

28. 答案（D）。

答题解析：考察比重试验的要点。比重试验时，一般土粒用纯水测定；对含有可溶盐、亲水性胶体或有机质的土，须用中性液体测定。

29. 答案（D）。

答题解析：考察土的孔隙率的定义。土的孔隙率是土中孔隙体积与土体体积之比。

30. 答案（A）。

答题解析：考察土的孔隙率的定义。$e = \dfrac{V_v}{V_s}$。

31. 答案（A）。

答题解析：考察孔隙率的计算。$n = \dfrac{e}{1+e} = \dfrac{0.648}{1+0.648} = 0.393$。

32. 答案（C）。

答题解析：考察孔隙比的计算。$e = \dfrac{n}{1-n} = \dfrac{0.365}{1-0.365} = 0.575$。

33. 答案（D）。

答题解析：考察孔隙比的计算。$e = \dfrac{G_s(1+\omega)\rho_w}{\rho} - 1 = \dfrac{2.65 \times (1+0.202) \times 1}{1.82} - 1 = 0.750$。

34. 答案（C）。

答题解析：土的三相物理性质指标分为实测指标（或称为基本指标）和换算指标。实测指标可通过试验直接测定，有密度、含水率和土粒比重。

35. 答案（B）。

答题解析：考察土的实测指标。实测指标可通过试验直接测定，有密度、含水率和土粒比重。

36. 答案（C）。

答题解析：考察土的饱和度的特征。土的饱和度是指土中水的体积与孔隙体积的比值，表征了土中孔隙被水所充填的程度。

37. 答案（B）。

答题解析：考察土的饱和度的定义。土的饱和度是土中水的体积与孔隙体积的比值。

38. 答案（C）。

答题解析：考察孔隙比与孔隙率的关系。$n = \dfrac{e}{1+e} = 1 - \dfrac{1}{1+e}$，所以，孔隙比越大，孔隙率越大。

39. 答案（D）。

答题解析：考察饱和度的特征。饱和度只能处于 0 到 1 之间。

40. 答案（A）。

答题解析：同一种土，各种重度之间的关系为 $\gamma_{sat} \geqslant \gamma \geqslant \gamma_d > \gamma'$。

41. 答案（B）。

答题解析：考察饱和度的计算。$S_{sat} = \dfrac{V_w}{V_v} = \dfrac{\omega G_s \rho}{G_s(1+\omega)\rho_w - \rho} = \dfrac{0.232 \times 2.72 \times 1.83}{2.72 \times (1+0.232) \times 1 - 1.83}$ $= 0.759$。

42. 答案（B）。

答题解析：考察土的三相比例关系。土的密度和孔隙比无必然的联系。

43. 答案（A）。

答题解析：考察土粒比重的确定。土粒比重是土的实测指标之一，由室内试验测得。

44. 答案（B）。

答题解析：考察土的三相比例关系。土的密度和孔隙比无必然的联系。

45. 答案（D）。

答题解析：酒精燃烧法适宜于简易测定细粒土的含水率。

46. 答案（B）。

答题解析：考察土的有效重度的计算。$\gamma' = \gamma_{sat} - \gamma_w = 21.6 - 10 = 11.6(\mathrm{kN/m^3})$。

47. 答案（B）。

答题解析：考察土样的选取要求。颗分试验需要采用风干土样。

48. 答案（B）。

答题解析：考察烘干法试验数量的选取问题。为使试验结果准确可靠，同时考虑到烘干时间的长短，规定取代表性试样 15～30g。

49. 答案（C）。

答题解析：为防止冷却过程中土样吸湿，冷却过程要在干燥器内进行。

50. 答案（A）。

答题解析：考察切土要点。为减小对土样的扰动影响，切土时要将土样削成略大于环刀直径的土柱，然后将环刀垂直下压，边削边压。

51. 答案（C）。

答题解析：略。

52. 答案（B）。

答题解析：环刀法测土的密度切土时为减小环刀和土样的摩擦，将环刀内壁涂一薄层凡士林，并不能影响试验结果。

53. 答案（B）。

答题解析：规程规定，含水率试验适用于有机质含量不超过干质量5%的土，当土中有机质含量在5%～10%之间，仍允许采用烘干法进行试验但需注明有机质含量。

54. 答案（C）。

答题解析：为减小有机质的挥发对含水率的影响，对含有机质超过10%的土，应将温度控制在65～70℃。

55. 答案（C）。

答题解析：考察酒精燃烧法的测试要点。为使土中水分充分蒸发，需将土样燃烧3次。所以当第3次火焰熄灭后立即盖好盒盖称干土质量。

56. 答案（B）。

答题解析：考察酒精燃烧法的测试要点。为使酒精在土样中充分混合，规程要求用滴管将酒精注入放有试样的称量盒中，直至盒中出现自由液面为止。

57. 答案（C）。

答题解析：考察酒精燃烧法的测试要点。为使酒精燃烧充分，规定酒精纯度为95%。

58. 答案（D）。

答题解析：略。

59. 答案（C）。

答题解析：略。

60. 答案（B）。

答题解析：考察比重瓶法的测试要点。为排除土中空气，将装有干土的比重瓶，注纯水至瓶的一半处，并放在砂浴上煮沸。

61. 答案（C）。

答题解析：为排除土中的气体，采用砂浴煮沸的方法，简单易行，效果好。

62. 答案（A）。

答题解析：考察孔隙率的计算。$n = \dfrac{V_v}{V} = 1 - \dfrac{\gamma}{(1+\omega)G_s\gamma_w} = 1 - \dfrac{19.5}{(1+0.226) \times 2.69 \times 10} = 0.409$。

63. 答案（B）。

答题解析：考察土的饱和度的计算。$S_r = \dfrac{V_w}{V_v} = \dfrac{\omega G_s \gamma}{(1+\omega)G_s\gamma_w - \gamma} = \dfrac{0.241 \times 2.72 \times 18.8}{1.241 \times 2.72 \times 10 - 18.8} = 82.4\%$。

64. 答案（D）。

答题解析：考察干重度的计算。$\gamma_d = \frac{m_s}{V}g = \frac{115.80}{60} \times 10 = 19.3 \, (\text{kN/m}^3)$。

65. 答案（A）。

答题解析：考察土的重度的计算。$\gamma = \frac{m}{V}g = \frac{123.45}{60} \times 10 = 20.6 \, (\text{kN/m}^3)$。

66. 答案（B）。

答题解析：考察土的有效重度的计算。$\gamma' = \frac{m_s - V_s\rho_w}{V}g = \frac{128.62 - 1 \times 60}{60} \times 10 = 11.4 \, (\text{kN/m}^3)$。

67. 答案（C）。

答题解析：考察土的饱和重度的计算。$\gamma_{sat} = \frac{m}{V}g = \frac{127.18}{60} \times 10 = 21.2 \, (\text{kN/m}^3)$。

68. 答案（A）。

答题解析：考察土的干重度的计算。$\gamma_d = \frac{m_s}{V}g = \frac{G_s}{1+e}\gamma_w = \frac{2.68}{1+0.681} \times 10 = 17.3 \, (\text{kN/m}^3)$。

69. 答案（B）。

答题解析：考察孔隙率的计算。$n = \frac{\omega G_s}{S_r + \omega G_s} = \frac{0.231 \times 2.71}{0.9 + 0.231 \times 2.71} = 41\%$。

70. 答案（C）。

答题解析：考察土粒比重的计算。$G_s = \frac{m_s}{V_s\rho_w} = \frac{S_r e}{w} = \frac{0.925 \times 0.682}{0.231} = 2.73$。

71. 答案（B）。

答题解析：考察土的饱和度的计算。$S_r = \frac{V_w}{V_v} = \frac{G_s\omega}{e} = \frac{2.65 \times 0.205}{0.612} = 88.8\%$。

72. 答案（A）。

答题解析：考察有效重度的计算。$\gamma' = \gamma_{sat} - \gamma_w = 21.3 - 10 = 11.3 \, (\text{kN/m}^3)$。

73. 答案（A）。

答题解析：考察完全饱和土的特征。完全饱和土的天然重度即为其饱和重度。

74. 答案（C）。

答题解析：考察土不饱和土的特征。不饱和土的天然重度小于其饱和重度。

75. 答案（B）。

答题解析：考察土的饱和度的特征。土的饱和度为土中水的体积与孔隙体积之比，故 $100\% \geqslant S_r \geqslant 0$。

76. 答案（C）。

答题解析：考察土的含水率的特征。土的含水率为土中水的质量与固体颗粒质量的比值，故含水率大于等于 0。

77. 答案（C）。

答题解析：考察土的孔隙比的特征。土的孔隙比为土中孔隙的体积与固体颗粒体积之比，故 $e>0$。

78. 答案（B）。

答题解析：考察土的饱和度的定义。土的饱和度为土中水的体积与孔隙体积的比值。

79. 答案（C）。

答题解析：考察对土的物理状态指标的认识。砂土的松密程度可以用孔隙比、相对密度和标准贯入试验锤击数来判断，对同一种砂土，孔隙比越小，密实度越大；反映黏性土软硬程度的指标是液性指数，对同一种黏性土，含水率较小的较硬。

80. 答案（A）。

答题解析：考察土的基本物理性质指标之间的关系。在荷载作用下土的孔隙体积减小，随着土的饱和度增大，所以重度增加，含水率减小。

81. 答案（C）。

答题解析：考察比重瓶法的试验目的。比重瓶法可以测定土的土粒比重。

82. 答案（C）。

答题解析：考察土的密度的测点方法。现场测定土的密度的试验方法有灌水法、灌砂法和环刀法。

83. 答案（B）。

答题解析：考察孔隙比的意义。孔隙比是评价土层密实程度的物理性质指标。

84. 答案（B）。

答题解析：考察有效重度的计算。$\gamma' = \gamma_{sat} - \gamma_w = 20 - 10 = 10$（kN/m³）。

85. 答案（A）。

答题解析：考察土的重度与密度之间的关系。$\gamma = \rho g = 1.6 \times 10 = 16$（kN/m³）。

86. 答案（B）。

答题解析：考察饱和重度与天然密度之间的关系。$\gamma_{sat} \geqslant \gamma = \rho g = 1.6 \times 10 = 16$。

87. 答案（C）。

答题解析：考察土的饱和度的取值范围。土的饱和度介于 0~1 之间。

88. 答案（A）。

答题解析：考察土的饱和度的计算。$S_r = \dfrac{V_w}{V_v} = \dfrac{0.3}{0.5} = 60\%$。

（三）多项选择题

1. 答案（ACD）。

答题解析：规程规定，土的含水率的测定方法有烘干法、比重法和酒精燃烧法。比重瓶法是测定土粒比重的一种试验方法。

2. 答案（ABC）。

答题解析：考察土的三相物理性质指标。基本物理性质指标又称实测指标包括密度、含水率和土粒比重，其他指标为换算指标，包括孔隙比、孔隙率、饱和密度、干密度、有效密度、饱和度等。

3. 答案（AB）。

答题解析：考察比重法的适用范围。比重法适用于砂类土。

4. 答案（BCD）。

答题解析：考察土的含水率测定误差的来源。产生误差的原因有试样的代表性不够、未烘至恒重就取出和试样称量不准等。试样是否饱和跟含水率的测定无关。

5. 答案（BC）。

答题解析：考察烘干法试验的温度控制要求。对含有机质小于5％的土，温度控制在105～110℃。

6. 答案（AB）。

答题解析：考察烘干法试验的温度控制要求。对含有机质大于10％的土，温度控制在65～70℃。

7. 答案（CD）。

答题解析：考察含水率测定时烘干时间的要求。黏性土烘干时间不得少于8h。

8. 答案（BC）。

答题解析：考察土中液态水的分类。土中液态水分为结合水和自由水。结合水分为强结合水和弱结合水，自由水分为重力水和毛细水。

9. 答案（ACD）。

答题解析：考察含水率的定义。含水率是土中水的质量与固体颗粒质量的比值。

10. 答案（AC）。

答题解析：考察含水率和密度的计算。含水率为 $\dfrac{44.60-31.50}{31.50}\times100\%=41.6\%$，

密度为 $\dfrac{44.60}{24}=1.86$（g/cm³）。

11. 答案（BC）。

答题解析：考察密度的测定方法。环刀法和蜡封法属于室内测定方法，灌水法和灌砂法属于现场测定方法。

12. 答案（BC）。

答题解析：考察蜡封法的适用范围。土样易碎、形状不规则、难以切削可用蜡封法。

13. 答案（AB）。

答题解析：略。

14. 答案（ABD）。

答题解析：环刀法适用于一般黏性土。

15. 答案（BC）。

答题解析：考察土的密度和重度的计算。土的密度为 $\rho=\dfrac{m}{V}=\dfrac{160.25-40.66}{60}=1.99$

（g/cm³）。

土的重度为 $\gamma=\dfrac{m}{V}g=\dfrac{160.25-40.66}{60}\times10=19.9$（kN/m³）。

16. 答案（ABC）。

答题解析：考察土粒比重的测定方法。土粒比重的测定方法有比重瓶法、浮称法和虹吸筒法。环刀法可以测定土的密度。

17. 答案（BD）。

答题解析：土的干密度是土的单位体积内的土颗粒的质量。$\rho_d = \dfrac{m_s}{V}$。

18. 答案（AC）。

答题解析：考察土的含水率和干重度的计算。$\omega = \dfrac{m_w}{m_s} = \dfrac{1.87 - 1.67}{1.67} = 12\%$，$\gamma_d = \dfrac{m_s g}{V} = \dfrac{1.67}{0.1} = 16.7 \, (\text{kN/m}^3)$。

19. 答案（ABC）。

答题解析：比重试验时，一般土粒的比重用纯水测定；对含有可溶盐、亲水性胶体或有机质的土，须用中性液体测定。

20. 答案（ACD）。

答题解析：规程规定：对粒径大于 5mm，其中含粒径大于 20mm 颗粒小于 10% 的土的比重时，用浮称法进行。

21. 答案（BCD）。

答题解析：考察黏土矿物的种类。黏土矿物有高岭石、伊利石和蒙脱石。

22. 答案（ABD）。

答题解析：考察土粒比重测定的方法。规程规定：对粒径大于 5mm，其中含粒径大于 20mm 颗粒大于 10% 的土的比重时，用虹吸筒法进行。

23. 答案（AB）。

答题解析：孔隙率是指孔隙体积与土的总体积的比值，小于 1；饱和度是土中水的体积与孔隙体积的比值，小于等于 1。

24. 答案（AC）。

答题解析：对同一种土，$\gamma_{sat} \geqslant \gamma \geqslant \gamma_d > \gamma'$

25. 答案（AD）。

答题解析：考察土的孔隙比和饱和重度的计算。土的孔隙比为

$$e = \frac{V_v}{V_s} = \frac{G_s(1+\omega)\rho_w}{\rho} - 1 = \frac{2.66 \times \left(1 + \dfrac{1.87 - 1.67}{1.67}\right) \times 1}{\dfrac{1.87 \times 100}{100}} - 1 = 0.593$$

土的饱和重度为

$$\gamma_{sat} = \frac{\rho_w V_v + m_s}{V} g = \frac{G_s + e}{1 + e} \gamma_w = \frac{2.66 + 0.593}{1 + 0.593} \times 10 = 20.4 \, (\text{kN/m}^3)$$

26. 答案（AC）。

答题解析：考察土的饱和度和有效重度的计算。

土的饱和度为

$$S_r = \frac{V_w}{V_v} = \frac{\dfrac{(1.92 - 1.62) \times 100}{1}}{100 - \dfrac{1.62 \times 100}{2.66 \times 1}} = 0.767$$

土的有效重度为

$$\gamma' = \frac{m_s - V_s\rho_w}{V}g = \frac{1.62 \times 100 - \dfrac{1.62 \times 100}{2.66 \times 1} \times 1}{100} \times 10 = 10.1\,(\text{kN/m}^3)$$

27. 答案（AD）。

答题解析：考察土的干重度和孔隙比的计算。

土的干重度为 $\gamma_d = \dfrac{m_s}{V}g = \dfrac{\gamma}{1+\omega} = \dfrac{17.8}{1+0.25} = 14.2\,(\text{kN/m}^3)$。

土的孔隙比为 $e = \dfrac{V_v}{V_s} = \dfrac{G_s(1+\omega)\rho_w}{\rho} - 1 = \dfrac{2.65 \times (1+0.25) \times 1}{17.8 \div 10} - 1 = 0.861$。

28. 答案（CD）。

答题解析：略。

29. 答案（AB）。

答题解析：考察土的孔隙比和饱和度的计算。

土的孔隙比为 $e = \dfrac{V_v}{V_s} = \dfrac{G_s(1+\omega)\rho_w}{\rho} - 1 = 0.736$。

土的饱和度为 $S_r = \dfrac{V_w}{V_v} = \dfrac{\omega G_s}{e} = \dfrac{0.232 \times 2.72}{0.736} = 0.857$。

30. 答案（BD）。

答题解析：考察土的孔隙率和饱和度的计算。土的孔隙率为 $n = \dfrac{V_v}{V} = 1 -$

$\dfrac{\gamma}{G_s(1+\omega)\gamma_w} = 1 - \dfrac{17.8}{2.65 \times 1.25 \times 10} = 46.3\%$，饱和度为 $S_{sat} = \dfrac{V_w}{V_v} = 0.769$。

31. 答案（ACD）。

答题解析：考察环刀法试验要点。为减小环刀与土之间的摩擦，用环刀取土之前需将环刀内壁涂抹凡士林。

32. 答案（AB）。

答题解析：考察土的三相组成。土在饱和状态时由土颗粒与水两相组成，土在完全干燥时由土颗粒和气体两相组成。

33. 答案（AC）。

答题解析：略。

34. 答案（AC）。

答题解析：考察比重瓶法的煮沸时间。为排除土中的气体，煮沸时间自悬液沸腾时算起，砂及砂质粉土不应少于30min；黏土及粉质黏土不应少于1h。

35. 答案（AC）。

答题解析：考察环刀法取土的试验要点。用环刀取土时，需将土样削成略大于环刀直径的土柱，边削边压。

36. 答案（ACD）。

答题解析：考察土的密度试验方法。适合于野外的测试方法有灌砂法、灌水法和环刀法。

37. 答案（AD）。

答题解析：考察蜡封法的试验要点。称量的精度为0.1g，测记项目为水的温度，因为水温不同影响到水的密度。

38. 答案（AC）。

答题解析：考察环刀法测定土体密度的操作要求。

39. 答案（AD）。

答题解析：考察土的密度和重度的计算。土的密度为 $\rho = \dfrac{m}{V} = \dfrac{120.31}{\dfrac{\pi \times 6.18^2 \times 2}{4}} =$

$2.01(\text{g/cm}^3)$，土的重度为 $\gamma = \rho g = 2.01 \times 10 = 20.1(\text{kN/m}^3)$。

40. 答案（BC）。

答题解析：考察土的密度和重度的计算。土的密度为 $\rho = \dfrac{m}{V} = \dfrac{165.35 - 42.21}{\dfrac{\pi \times 6.18^2 \times 2}{4}} =$

$2.05(\text{g/cm}^3)$，土的重度为 $\gamma = \rho g = 2.05 \times 10 = 20.5(\text{kN/m}^3)$。

41. 答案（AD）。

答题解析：考察烘干时间的要求。为让土中水分充分排出，规程规定，砂类土的烘干时间不少于6h，黏质土的烘干时间不少于8h。

42. 答案（AC）。

答题解析：考察含水率试验要点。黏质土的烘干时间不少于8h。烘干温度控制在105～110℃。

43. 答案（BD）。

答题解析：考察土的天然重度及干重度的计算。土的天然重度为 $\gamma = \dfrac{m}{V}g =$

$\dfrac{118.63}{\dfrac{3.14 \times 6.18^2 \times 2}{4}} \times 10 = 19.8(\text{kN/cm}^3)$，土的干重度为 $\gamma_d = \dfrac{\gamma}{1 + \omega} = \dfrac{19.8}{1 + 0.227} =$

$16.1(\text{kN/cm}^3)$。

44. 答案（AC）。

答题解析：考察土的孔隙比和孔隙率的计算。土的孔隙比为 $e = \dfrac{V_v}{V_s} = \dfrac{G_s(1 + \omega)\rho_w}{\rho} -$

$1 = \dfrac{2.70 \times (1 + 0.252) \times 1}{1.96} - 1 = 0.725$，土的孔隙率为 $n = \dfrac{V_v}{V} = \dfrac{e}{1 + e} = \dfrac{0.725}{1 + 0.725}$

$= 0.42$。

45. 答案（BD）。

答题解析：考察土的饱和度和孔隙率的计算。土的饱和度为 $S_{sat} = \dfrac{V_w}{V_v} =$

$\dfrac{\omega G_s \gamma}{G_s(1 + \omega)\gamma_w - \gamma} = \dfrac{0.261 \times 2.72 \times 18.9}{2.72 \times (1 + 0.261) \times 10 - 18.9} = 0.871$，土的孔隙率为 $n = \dfrac{V_v}{V}$

$= 1 - \dfrac{\gamma}{(1 + \omega)G_s\gamma_w} = 1 - \dfrac{18.9}{(1 + 0.261) \times 2.72 \times 10} = 0.449$。

46. 答案（ABCD）。

答题解析：考察土的各种重度之间的关系。$\gamma_{sat} \geqslant \gamma \geqslant \gamma_d > \gamma'$

47. 答案（ABC）。

答题解析：考察土的基本物理性质指标的测定方法。天然密度、土粒比重、含水率常见的测定分别为环刀法、比重瓶法和烘干法。

48. 答案（ABCD）。

答题解析：非饱和土样，在荷载作用下，饱和度增加时，土样的重度增大，含水率减小。

49. 答案（AC）。

答题解析：略。

50. 答案（ABD）。

答题解析：略。

51. 答案（ACD）。

答题解析：烘干后的质量为土颗粒的质量 $m_s = \dfrac{m}{1+\omega} = \dfrac{220}{1+0.05} = 209.52(\text{g})$。

52. 答案（ABC）。

答题解析：不同土体之间的含水率和饱和度之间无必然联系。

53. 答案（ACD）。

答题解析：考察烘干法的测试要点。对有机质含量小于 5% 的土，温度控制在 $105 \sim 110℃$。

54. 答案（AD）。

答题解析：土的孔隙比为 $e = \dfrac{V_v}{V_s} = \dfrac{G_s(1+\omega)\rho_w}{\rho} - 1 = \dfrac{2.71 \times (1+0.238) \times 1}{1.95} - 1 = 0.721$。土的干重度为 $\gamma_d = \dfrac{\rho}{1+\omega}g = \dfrac{1.95}{1+0.238} \times 10 = 15.8(\text{kN/m}^3)$。

55. 答案（AB）。

答题解析：考察土的饱和度和土粒比重的计算。土的饱和度为 $S_r = \dfrac{\omega\rho}{(1+\omega)n\rho_w} = \dfrac{0.289 \times 1.68}{1.289 \times 0.511 \times 1} = 73.7\%$。土粒比重为 $G_s = \dfrac{S_r n}{\omega(1-n)} = \dfrac{0.737 \times 0.511}{0.289 \times (1-0.511)} = 2.66$。

56. 答案（AD）。

答题解析：考察土的干密度和干重度的计算。土的干密度为 $\rho_d = \dfrac{\rho}{1+\omega} = \dfrac{\rho}{1+\dfrac{m_w}{m_s}} = \dfrac{1.72}{1+\dfrac{45.78-35.62}{35.62}} = 1.34 \, (\text{g/cm}^3)$。土的干重度为 $\gamma_d = \rho g = 1.34 \times 10 = 13.4(\text{kN/m}^3)$。

第四部分　土的物理状态指标及应用

知识点：

本部分要求掌握土的各种物理状态指标的定义、计算公式及试验检测方法、标准，并了解各种状态指标的相关应用。

（一）判断题

1. 答案（×）。

答题解析：黏性土的物理状态是用软硬程度衡量，密实度是指无黏性土的物理状态。

2. 答案（√）。

答题解析：砂土和碎石土是无黏性土，无黏性土的物理状态是指密实度。

3. 答案（√）。

答题解析：土松散则孔隙大，所以压缩性高，强度低。

4. 答案（√）。

答题解析：饱和松散砂土孔隙大，水的渗透力作用下容易使土颗粒失去稳定而导致流土现象。

5. 答案（√）。

答题解析：天然孔隙比 $e = \dfrac{V_v}{V_s}$ 只反映了孔隙体积和颗粒体积的相对比值，而不能反映出相应颗粒体积中的粒度成分。

6. 答案（√）。

答题解析：砂土处于最理想的密实状态时 $e = e_{\min}$ ，则 $D_r = \dfrac{e_{\max} - e_0}{e_{\max} - e_{\min}} = 1$ 。

7. 答案（×）。

答题解析：孔隙比 $e = \dfrac{V_v}{V_s}$ 是无黏性土密实度判别指标，砂土的孔隙比越大则密实度越小。

8. 答案（√）。

答题解析：砂土的相对密度 $D_r = \dfrac{e_{\max} - e_0}{e_{\max} - e_{\min}}$ 越大，表明孔隙比越小，则砂土越密实。

9. 答案（×）。

答题解析：《土工试验方法标准》（GB/T 50123—2019）规定，测定砂土的最大干密度、最小干密度时，采用的是烘干的砂土。

10. 答案（√）。

答题解析：标贯试验是用来现场检测砂土的原位测定法，通过标贯器锤击使土体下沉30cm时的锤击数作为衡量砂土的密实度大小的标准。

11. 答案（×）。

答题解析：标贯试验是用来现场检测砂土的原位测定法，通过标贯器以76cm的落距自由下落锤击使土体下沉30cm时的锤击数作为衡量砂土的密实度大小的标准。

12. 答案（√）。

答题解析：标贯试验是用来现场检测砂土的原位测定法，通过标贯器以76cm的落距自由下落锤击使土体下沉30cm时的锤击数作为衡量砂土的密实度大小的标准。

13. 答案（×）。

答题解析：重型圆锥动力触探试验是利用质量为63.5kg落距为76cm落锤能量，将落锤打入碎石中的难易程度判定碎石土层性质的一种原位测试法，适用于碎石土。

14. 答案（√）。

答题解析：《土工试验方法标准》（GB/T 50123—2019）规定，黏性土不同状态之间将给定的试验方法得到的含水率称作界限含水率，并将液态与可塑态分界处的含水率称为液限。

15. 答案（√）。

答题解析：《土工试验方法标准》（GB/T 50123—2019）规定，黏性土不同状态之间将给定的试验方法得到的含水率称作界限含水率，并将由半固态转到可塑状态的界限含水率称为塑限。

16. 答案（×）。

答题解析：《土工试验方法标准》（GB/T 50123—2019）规定，黏性土不同状态之间将给定的试验方法得到的含水率称作界限含水率，并将由固态转到半固态状态的界限含水率称为缩限。

17. 答案（√）。

答题解析：《土工试验方法标准》（GB/T 50123—2019）规定，黏性土不同状态之间将给定的试验方法得到的含水率称作界限含水率，并将由固态转到半固态状态的界限含水率称为缩限。

18. 答案（×）。

答题解析：《土工试验方法标准》（GB/T 50123—2019）规定，固态黏性土体积趋于稳定，不随含水率变化而变化。

19. 答案（√）。

答题解析：《土工试验方法标准》（GB/T 50123—2019）规定，处于可塑状态的黏性土，其体积会随着含水率的减少而减小。

20. 答案（√）。

答题解析：《土工试验方法标准》（GB/T 50123—2019）规定，处于半固体状态的黏性土，其体积会随着含水率的减少而减小。

21. 答案（×）。

答题解析：《土工试验方法标准》（GB/T 50123—2019）规定，我国设计出了液塑限联合测定仪，并规定联合测定仪中圆锥仪的质量为76kg。

22. 答案（√）。

答题解析：《土工试验方法标准》（GB/T 50123—2019）规定，我国设计出了液塑限联合测定仪，并规定联合测定仪中圆锥仪的质量为 76kg。

23. 答案（√）。

答题解析：《土工试验方法标准》（GB/T 50123—2019）规定，液塑限联合测定试验中入土 17mm 时的含水率为液限。

24. 答案（√）。

答题解析：《土工试验方法标准》（GB/T 50123—2019）规定，液塑限联合测定试验中入土 17mm 时的含水率为液限。

25. 答案（×）。

答题解析：《土工试验方法标准》（GB/T 50123—2019）规定，经试验得知液塑限联合测定法圆锥仪入土深度为 2mm，则土样的含水率等于其塑限。

26. 答案（×）。

答题解析：黏性土的塑性指数 $I_P = (\omega_L - \omega_P) \times 100$，其中 ω_L 和 ω_P 可通过试验测定。

27. 答案（√）。

答题解析：黏性土的塑性指数 $I_P = (\omega_L - \omega_P) \times 100$，与天然含水率无关。

28. 答案（×）。

答题解析：黏性土的液性指数 $I_L = \dfrac{\omega - \omega_P}{\omega_L - \omega_P}$ 计算可得，其中的含水率和界限含水率可通过试验测定。

29. 答案（×）。

答题解析：黏性土的塑性指数 $I_P = (\omega_L - \omega_P) \times 100$，反映黏性土的可塑性，即所含黏粒的多少，作为黏性土的分类和命名的依据。

30. 答案（√）。

答题解析：黏性土的塑性指数 $I_P = (\omega_L - \omega_P) \times 100$，反映黏性土的可塑状态的含水率的变化范围，反映黏性土的可塑性。

31. 答案（√）。

答题解析：黏性土的塑性指数 $I_P = (\omega_L - \omega_P) \times 100$，反映黏性土的可塑性，即所含黏粒的多少，黏性土的塑性指数越大，表明土中所含的黏土矿物越多。

32. 答案（√）。

答题解析：黏性土的塑性指数 $I_P = (\omega_L - \omega_P) \times 100$，即黏性土液限与塑限的差值，去掉百分号。

33. 答案（×）。

答题解析：砂土属于单粒结构，颗粒间无联接状态，砂土不具有可塑性。

34. 答案（√）。

答题解析：黏性土的液性指数 $I_L = \dfrac{\omega - \omega_P}{\omega_L - \omega_P}$，是表示土的天然含水率与界限含水率相对关系的指标。

35. 答案（×）。

答题解析：黏性土的液性指数 $I_L = \dfrac{\omega - \omega_P}{\omega_L - \omega_P}$，与天然含水率有关。

36. 答案（√）。

答题解析：黏性土的塑性指数 $I_P = (\omega_L - \omega_P) \times 100$，反映黏性土的可塑性，即所含黏粒的多少，作为黏性土的分类和命名的依据。

37. 答案（×）。

答题解析：黏性土的塑性指数 $I_P = (\omega_L - \omega_P) \times 100$，反映黏性土的可塑性，即所含黏粒的多少，作为黏性土的分类和命名的依据。

38. 答案（√）。

答题解析：塑性指数 $I_P = (\omega_L - \omega_P) \times 100$，且同一种土液限大于塑限，所以土的塑性指数可以大于1。

39. 答案（×）。

答题解析：塑性指数 $I_P = (\omega_L - \omega_P) \times 100$，且同一种土液限大于塑限，土的塑性指数不可以小于0。

40. 答案（√）。

答题解析：黏性土的液性指数 $I_L = \dfrac{\omega - \omega_P}{\omega_L - \omega_P}$，反映黏性土的软硬程度的指标，黏性土的液性指数越大，土体越软，抵抗外力的能力越小。

41. 答案（×）。

答题解析：黏性土的液性指数 $I_L = \dfrac{\omega - \omega_P}{\omega_L - \omega_P}$，反映黏性土的软硬程度的指标，土的液性指数小于 0 时，表明土处于干硬状态。

42. 答案（×）。

答题解析：黏性土的液性指数 $I_L = \dfrac{\omega - \omega_P}{\omega_L - \omega_P}$，反映黏性土的软硬程度的指标，$0.75 < I_L \leqslant 1.0$ 时为软塑状态。

43. 答案（√）。

答题解析：黏性土的液性指数 $I_L = \dfrac{\omega - \omega_P}{\omega_L - \omega_P}$，反映黏性土的软硬程度的指标，当 $0.25 < I_L \leqslant 0.75$ 时为可塑状态。

44. 答案（×）。

答题解析：黏性土的液性指数 $I_L = \dfrac{\omega - \omega_P}{\omega_L - \omega_P}$，反映黏性土的软硬程度的指标，当 $0.25 < I_L \leqslant 0.75$ 时为可塑状态。土的液性指数为 0.58 时，表明土处于可塑状态。

45. 答案（√）。

答题解析：黏性土的液性指数 $I_L = \dfrac{\omega - \omega_P}{\omega_L - \omega_P}$，反映黏性土的软硬程度的指标，土的液性指数大于 1 时，表明土处于流塑状态。

46. 答案（√）。

答题解析：具有蜂窝结构和絮状结构的黏性土中孔隙很多，黏性土的结构受到破坏后，土的结构被破坏，土的强度随之降低，压缩性增大。

47. 答案（√）。

答题解析：土体被扰动重塑后结构受到破坏，强度降低；考察土的结构性定义。

48. 答案（√）。

答题解析：饱和黏性土的触变性。

49. 答案（×）。

答题解析：无黏性土是单粒结构，因其颗粒较大，土粒间的分子吸引力相对很小，颗粒间几乎没有连接，无黏性土无触变性的特点。

50. 答案（√）。

答题解析：《建筑地基基础设计规范》（GB 50007—2011）规定，触变性是指黏性土结构受扰动时强度降低，但扰动停止后，土的强度又会随时间逐渐恢复的性质。

51. 答案（×）。

答题解析：《建筑地基基础设计规范》（GB/T 50007—2011）规定，测定砂土的最大孔隙比时，将称取烘干砂土 700g 均匀缓慢倒入漏斗，将漏斗和锥形塞杆同时提高，移动塞杆，使试样缓慢且均匀分布地落入 1000mL 的锥形瓶中，进行读数。

52. 答案（√）。

答题解析：《土工试验方法标准》（GB/T 50123—2019）规定，测定砂土的最小孔隙比时，取代表试样 2000g 分 3 次倒入金属圆筒进行振击，每层试样宜为圆筒容积的 1/3。

53. 答案（√）。

答题解析：《土工试验方法标准》（GB/T 50123—2019）规定，$D_r = \dfrac{e_{\max} - e_0}{e_{\max} - e_{\min}}$，则试验测定砂土的最大孔隙比 0.892，最小孔隙比 0.531，天然孔隙比 0.683，相对密度为 0.58。

54. 答案（×）。

答题解析：根据土的相对密度划分砂土密实状态的标准是：$0.33 < D_r \leqslant 0.67$ 时砂土处于中密状态。

55. 答案（×）。

答题解析：《土工试验方法标准》（GB/T 50123—2019）规定，$e_{\max} = \dfrac{\varrho_w G_s}{\rho_{d\min}} - 1$，则称取风干砂土 700g，经测定最松散状态体积 623mL，它的比重 2.65，它的最大孔隙比为 1.359。

56. 答案（×）。

答题解析：由 $I_L = \dfrac{\omega - \omega_P}{\omega_L - \omega_P}$ 计算液性指数。

57. 答案（×）。

答题解析：灵敏度公式计算有 $S_t = \dfrac{q_u}{q'_u}$，则土样原状样的无侧限抗压强度 21.3kPa，重塑土的无侧限抗压强度 12.5kPa，它的灵敏度为 1.7。

58. 答案（×）。

答题解析：由 $D_r = \dfrac{e_{\max} - e_0}{e_{\max} - e_{\min}}$，试验测定砂土的最大孔隙比 0.951，最小孔隙比 0.503，相对密度为 0.62，则天然孔隙比 0.673。

59. 答案（√）。

答题解析：《土工试验方法标准》（GB/T 50123—2019）规定，液塑限联合测定法要求控制三个圆锥入土深度，并分别测定其含水率。

60. 答案（×）。

答题解析：《土工试验方法标准》（GB/T 50123—2019）规定，液塑限联合测定法使用双对数坐标纸绘制关系线。

61. 答案（√）。

答题解析：根据《土工试验方法标准》（GB/T 50123—2019）规定土的塑限、液限、液性指数在使用时均可去掉％。

62. 答案（×）。

答题解析：黏性土的分类和命名依据是 $I_P = (\omega_L - \omega_P) \times 100$，土的界限含水率对黏性土的分类和工程性质的评价有实际意义。

63. 答案（√）。

答题解析：《土工试验方法标准》（GB/T 50123—2019）规定，液、塑限联合试验原则上采用天然含水率的土样制备试样。

64. 答案（×）。

答题解析：《土工试验方法标准》（GB/T 50123—2019）规定，液、塑限联合试验用风干土制备试样。

65. 答案（×）。

答题解析：《土工试验方法标准》（GB/T 50123—2019）规定，液、塑限联合试验圆锥落下 5s 后测读圆锥下沉深度。

66. 答案（√）。

答题解析：由 $I_L = \dfrac{\omega - \omega_P}{\omega_L - \omega_P}$，土样液限 42.1％，塑限 24.5％，液性指数为 0.28，则天然含水率为 29.4％。

67. 答案（√）。

答题解析：由 $S_t = \dfrac{q_u}{q_u'}$，原状土样的无侧限抗压强度为 26.8kPa，灵敏度为 3.6，它的重塑土的无侧限抗压强度为 7.4kPa。

68. 答案（√）。

答题解析：《土工试验方法标准》（GB/T 50123—2019）规定，相对密度试验时用砂面抚平器将砂面抚平，然后测读砂样体积，估读至 5mL。

69. 答案（×）。

答题解析：《土工试验方法标准》（GB/T 50123—2019）规定，相对密度试验最大干密度测定时，击锤击实的时间一般为 5～10min。

70. 答案（√）。

答题解析：《土工试验方法标准》（GB/T 50123—2019）规定，相对密度试验最大干密度测定锤击时，粗砂可用较少击数，细砂应用较多击数。

71. 答案（√）。

答题解析：《土工试验方法标准》（GB/T 50123—2019）规定，轻型和重型圆锥动力触探的指标可分别用 N_{10} 和 $N_{63.5}$ 符号表示。

72. 答案（√）。

答题解析：黏性土随含水率的变化土的物理状态不同，分为固态、半固态、可塑状态和流动状态四种状态，其界限含水率分别为缩限、塑限和液限。

73. 答案（√）。

答题解析：《建筑地基基础设计规范》（GB 50007—2011）规定塑性指数可用于划分细粒土的类型。

74. 答案（×）。

答题解析：由 $I_L = \dfrac{\omega - \omega_P}{\omega_L - \omega_P}$ 可知，液性指数可能小于零。

75. 答案（√）。

答题解析：由 $D_r = \dfrac{e_{\max} - e_0}{e_{\max} - e_{\min}}$ 计算可得。

76. 答案（×）。

答题解析：由 $I_P = \omega_L - \omega_P$ 计算可得塑性指数为 16.7。

77. 答案（√）。

答题解析：据《土工试验方法标准》（GB/T 50123—2019）规定对砂土密实度的判别一般采用孔隙比法、相对密实度法和标准贯入试验法。

78. 答案（√）。

答题解析：《建筑地基基础设计规范》（GB 50007—2011）规定，$0.67 < D_r \leqslant 1$ 砂土处于密实状态。

79. 答案（√）。

答题解析：由定义 $S_t = \dfrac{q_u}{q'_u}$，可知土的灵敏度越高，结构性越强，其受扰动后土的强度降低就越明显。

80. 答案（×）。

答题解析：《公路土工试验规程》（JTG 3430—2020）规定土的液限是指土进入流动状态时的含水率，天然土的含水率可以超过液限。

81. 答案（√）。

答题解析：《公路土工试验规程》（JTG 3430—2020）规定按由 $I_L = \dfrac{\omega - \omega_P}{\omega_L - \omega_P}$ 黏性土的物理状态分类，$I_L \leqslant 0$ 时，黏性土处于坚硬状态。

82. 答案（×）。

答题解析：《土工试验方法标准》（GB/T 50123—2019）规定，测定黏性土塑限的方法有滚搓法。

83. 答案（√）。

答题解析：《公路土工试验规程》（JTG 3430—2020）规定饱和黏性土触变性是黏性土在含水率不变的情况下，结构扰动后强度又会随时间而增长的性质。

84. 答案（√）。

答题解析：《土工试验方法标准》（GB/T 50123—2019）规定，常用的测试界限含水率的方法有搓滚法和液塑限联合测定法。

85. 答案（√）。

答题解析：由 $e=\dfrac{V_v}{V_s}$、$n=\dfrac{V_v}{V}$ 可知，对于同一种土，孔隙比或孔隙率越大表明土越疏松，反之越密实。

86. 答案（×）。

答题解析：《公路土工试验规程》（JTG 3430—2020）规定，含水率小于缩限时土处于固体状态。

87. 答案（√）。

答题解析：土的界限含水率是黏性土一种状态转到另一状态的分界含水率，与环境变化无关。

88. 答案（×）。

答题解析：《土工试验方法标准》（GB/T 50123—2019）规定，土的界限含水率有缩限、塑限、液限三个。

89. 答案（×）。

答题解析：《土工试验方法标准》（GB/T 50123—2019）规定，黏性土具有可塑性。

90. 答案（×）。

答题解析：《土工试验方法标准》（GB/T 50123—2019）规定，相对密实度 D_r 主要用于比较同一种砂土孔隙比相同而级配不同时的密实度大小。

91. 答案（×）。

答题解析：《公路土工试验规程》（JTG 3430—2020）规定按由 $I_L=\dfrac{\omega-\omega_P}{\omega_L-\omega_P}$ 判别黏性土的软硬程度。

92. 答案（×）。

答题解析：《公路土工试验规程》（JTG 3430—2020）规定土的孔隙比为 $e=\dfrac{V_v}{V_s}$，土的比重为 $G_s=\dfrac{m_s}{V_s\rho_w(4℃)}$，与水位变化无关。

93. 答案（×）。

答题解析：《土工试验方法标准》（GB/T 50123—2019）规定，搓滚法中只要土体搓到 3mm 粗细时有裂纹时的含水率就是塑限。

94. 答案（√）。

答题解析：《公路土工试验规程》（JTG 3430—2020）规定土体由流动状态、可塑状态、半固态到固态之间的界限含水率之间的关系为：$\omega_L>\omega_P>\omega_s$。

（二）单项选择题

1. 答案（D）。

答题解析：土的物理状态对于无黏性土是指土的密实程度，可用 e、D_r、$N_{63.5}$ 等判别；对于黏性土则指土的软硬程度或稠度，代表土颗粒之间结合的强弱，土对流动的抵抗能力，可用 I_L 判别。

2. 答案（A）。

答题解析：饱和松散砂土的孔隙比较大，密实度小，所以压缩性高、透水性好，抗剪强度低。

3. 答案（C）。

答题解析：流沙是指当渗透水力坡降达到一定的值 $i_{cr}=\dfrac{G_s-1}{1+e}$，渗流方向与土自重方向相反时，土颗粒之间的压力等于零，土颗粒处于临界状态悬浮于土体表面的不稳定平衡现象。液化是指饱和的疏松粉、细砂土体在振动作用下有颗粒移动和变密的趋势，对应力的承受从砂土骨架转向水，由于粉和细砂土的渗透力不良，孔隙水压力会急剧增大，当孔隙水压力大到总应力值时，有效应力就降到 0，颗粒悬浮在水中，砂土体即发生液化的现象。密实的砂土孔隙比较小、松散的碎石土颗粒自重比较大，发生流沙的临界坡降较大，黏性土内部黏聚力较大，故都不容易发生以上现象。

4. 答案（B）。

答题解析：根据孔隙比定义有 $e=\dfrac{V_v}{V_s}$，反映了土层密实程度，通常作为砂土的密实度判别依据，但是没有考虑颗粒级配的影响，不是很科学。

5. 答案（B）。

答题解析：砂土的密实度可用天然孔隙比衡量。当 $e<0.6$ 时属密实砂土，$e>0.95$ 时为松散砂土，但不能反映颗粒级配的影响；考虑颗粒级配影响，通常用砂土的相对密度 D_r 表示砂土的密实度；触探试验锤击数通常用作碎石土的密实度判别指标。

6. 答案（A）。

答题解析：根据《土工试验方法标准》（GB/T 50123—2019）可知，砂土密实度指标 $D_r\leqslant0.33$ 砂土处于最松散状态。

7. 答案（A）。

答题解析：根据《土工试验方法标准》（GB/T 50123—2019）可知，砂土最小孔隙比是指取代表性的烘干或充分风干试样约 1.5kg，用手搓揉或用圆木棍在橡皮板上碾散，并拌和均匀。

8. 答案（B）。

答题解析：根据《土工试验方法标准》（GB/T 50123—2019）可知，砂土最大孔隙比取样是指取代表性的烘干或充分风干试样约 1.5kg，用手搓揉或用圆木棍在橡皮板上碾散，并拌和均匀。

9. 答案（B）。

答题解析：根据《土工试验方法标准》（GB/T 50123—2019）可知，最大孔隙比为 $e_{max}=$

$$\frac{\rho_w G_s}{\rho_{dmin}} - 1 = 0.893 \text{。}$$

10. 答案（C）。

答题解析：根据《土工试验方法标准》（GB/T 50123—2019）可知，则其最小孔隙比 e_{min}

$$= \frac{\rho_w G_s}{\rho_{dmax}} - 1 = 0.568 \text{。}$$

11. 答案（A）。

答题解析：由《土工试验方法标准》（GB/T 50123—2019）可知，$\rho_d = \dfrac{\rho}{1+0.01\omega}$，

则其相对密度为 $D_r = \dfrac{(\rho_d - \rho_{dmin})\rho_{dmax}}{(\rho_{dmax} - \rho_{dmin})\rho_d} = 0.39$。

12. 答案（B）。

答题解析：由《土工试验方法标准》（GB/T 50123—2019）可知，有 $D_r = \dfrac{(\rho_d - \rho_{dmin})\rho_{dmax}}{(\rho_{dmax} - \rho_{dmin})\rho_d} = 0.597$ 且 $D_r = 0.33 \sim 0.67$ 为中密状态。

13. 答案（A）。

答题解析：由《建筑地基基础设计规范》（GB 50007—2011）有标准贯入试验锤击数为 $N > 30$ 时，该点砂土密实度为密实。

14. 答案（B）。

答题解析：由《建筑地基基础设计规范》（GB 50007—2011）有标准贯入试验锤击数为 $15 < N \leqslant 30$ 时，该点砂土密实度为中密。

15. 答案（D）。

答题解析：由《建筑地基基础设计规范》（GB 50007—2011）有标准贯入试验锤击数为 $N \leqslant 10$ 时，该点砂土密实度为松散。

16. 答案（B）。

答题解析：根据 $e = \dfrac{V_v}{V_s}$ 可知。

17. 答案（D）。

答题解析：根据《土工试验方法标准》（GB/T 50123—2019）可知标准贯入试验是一种现场原位测试方法，标准锤重为 63.5kg，落距为 76cm。

18. 答案（A）。

答题解析：根据《土工试验方法标准》（GB/T 50123—2019）规定标准贯入试验锤击数是进行砂土的密实度判别时采用实测的锤击数。

19. 答案（A）。

答题解析：根据《土工试验方法标准》（GB/T 50123—2019）规定重型圆锥动力触探试验是记录探头打入碎石土中 10cm 击数。

20. 答案（D）。

答题解析：根据《土工试验方法标准》（GB/T 50123—2019）规定。

21. 答案（C）。

答题解析：根据《土工试验方法标准》（GB/T 50123—2019）规定。

22. 答案（C）。

答题解析：根据《土工试验方法标准》（GB/T 50123—2019）规定。

23. 答案（C）。

答题解析：根据《土工试验方法标准》（GB/T 50123—2019）测定土的塑限时，可采用的测定方法有搓滚法。

24. 答案（B）。

答题解析：《土工试验方法标准》（GB/T 50123—2019）测定土的液限时，可采用的测定方法有锥式液限仪和碟式液限仪。

25. 答案（D）。

答题解析：根据《土工试验方法标准》（GB/T 50123—2019）规定，测定土的缩限时，可采用的测定方法为收缩皿法。

26. 答案（A）。

答题解析：根据《土工试验方法标准》（GB/T 50123—2019）规定，标准贯入试验和重型圆锥动力触探使用的锤重相同。

27. 答案（A）。

答题解析：根据《土工试验方法标准》（GB/T 50123—2019）规定。

28. 答案（A）。

答题解析：根据《土工试验方法标准》（GB/T 50123—2019）规定。

29. 答案（B）。

答题解析：根据《土工试验方法标准》（GB/T 50123—2019）规定。

30. 答案（C）。

答题解析：根据《土工试验方法标准》（GB/T 50123—2019）规定土的体积不再随含水率减小而减小的界限含水率是缩限。

31. 答案（C）。

答题解析：根据《土工试验方法标准》（GB/T 50123—2019）规定。

32. 答案（B）。

答题解析：根据《土工试验方法标准》（GB/T 50123—2019）规定。

33. 答案（A）。

答题解析：根据《土工试验方法标准》（GB/T 50123—2019）规定。

34. 答案（A）。

答题解析：根据《土工试验方法标准》（GB/T 50123—2019）规定细粒土分类用到的 $I_P = (\omega_L - \omega_P) \times 100$ 。

35. 答案（A）。

答题解析：根据《土工试验方法标准》（GB/T 50123—2019）可知黏性土的含水率处于小于等于缩限状态时含水率改变而体积不变，此时土样处于固体状态。

36. 答案（C）。

答题解析：根据《土工试验方法标准》（GB/T 50123—2019）规定 $I_P = (\omega_L - \omega_P) \times$

$100 =18.1$。

37. 答案（D）。

答题解析：由 $I_L = \dfrac{\omega - \omega_P}{\omega_L - \omega_P} = 0.09$。

38. 答案（B）。

答题解析：由 $I_L = \dfrac{\omega - \omega_P}{\omega_L - \omega_P} = 0.46 \in (0.25, 0.75]$，规范规定为可塑状态。

39. 答案（B）。

答题解析：根据《土工试验方法标准》（GB/T 50123—2019）规定 $I_P = (\omega_L - \omega_P) \times 100 = 15.5$。

40. 答案（A）。

答题解析：由 $I_L = \dfrac{\omega - \omega_P}{\omega_L - \omega_P} = 0.63$。

41. 答案（A）。

答题解析：由 $I_P = (\omega_L - \omega_P) \times 100$ 可得 $\omega_P = 29.6\%$。

42. 答案（C）。

答题解析：由 $I_P = (\omega_L - \omega_P) \times 100$ 可得 $\omega_L = 35.7\%$。

43. 答案（A）。

答题解析：由 $I_L = \dfrac{\omega - \omega_P}{\omega_L - \omega_P}$ 计算可得塑限为 23.7。

44. 答案（D）。

答题解析：根据《建筑地基基础设计规范》（GB 50007—2011）可知反映黏性土软硬程度的指标是液性指数。

45. 答案（B）。

答题解析：《土工试验方法标准》（GB/T 50123—2019）规定。

46. 答案（A）。

答题解析：《土工试验方法标准》（GB/T 50123—2019）规定。

47. 答案（C）。

答题解析：土的结构性是指由土粒单元的大小、形状、相互排列及其连接关系等因素形成的综合特征。

48. 答案（C）。

答题解析：根据《建筑地基基础设计规范》（GB 50007—2011）可知土的灵敏度是指原状土的无侧限抗压强度与重塑土的无侧限抗压强度的比值。

49. 答案（D）。

答题解析：重塑土被扰动，结构发生改变。

50. 答案（B）。

答题解析：《建筑地基基础设计规范》（GB 50007—2011）规定 $S_t = \dfrac{q_u}{q'_u}$，计算 $S_t = 2.8$ 为中灵敏度土。

51. 答案（C）。

　　答题解析：《土工试验方法标准》（GB/T 50123—2019）规定。

52. 答案（A）。

　　答题解析：《土工试验方法标准》（GB/T 50123—2019）规定。

53. 答案（B）。

　　答题解析：《土工试验方法标准》（GB/T 50123—2019）规定。

54. 答案（D）。

　　答题解析：《土工试验方法标准》（GB/T 50123—2019）规定。

55. 答案（C）。

　　答题解析：《土工试验方法标准》（GB/T 50123—2019）规定。

56. 答案（A）。

　　答题解析：《土工试验方法标准》（GB/T 50123—2019）规定。

57. 答案（B）。

　　答题解析：《土工试验方法标准》（GB/T 50123—2019）规定。

58. 答案（C）。

　　答题解析：由 $I_L = \dfrac{\omega - \omega_P}{\omega_L - \omega_P}$ 计算可得此黏性土的天然含水率 28.8%。

59. 答案（A）。

　　答题解析：由 $I_L = \dfrac{\omega - \omega_P}{\omega_L - \omega_P}$ 计算可得此土的塑限为 18.1。

60. 答案（D）。

　　答题解析：由 $I_L = \dfrac{\omega - \omega_P}{\omega_L - \omega_P}$ 计算可得此土的液限为 33.4。

61. 答案（C）。

　　答题解析：由 $e_{max} = \dfrac{\rho_w G_s}{\rho_{d min}} - 1 = 0.873$。

62. 答案（B）。

　　答题解析：由 $D_r = \dfrac{e_{max} - e_0}{e_{max} - e_{min}} = 0.694$。

63. 答案（A）。

　　答题解析：由 $e_{max} = \dfrac{\rho_w G_s}{\rho_{d min}} - 1 = 2.65$。

64. 答案（D）。

　　答题解析：由 $e_{min} = \dfrac{\rho_w G_s}{\rho_{d max}} - 1 = 2.64$。

65. 答案（A）。

　　答题解析：由 $e_{max} = \dfrac{\rho_w G_s}{\rho_{d min}} - 1$ 和 $D_r = \dfrac{e_{max} - e_0}{e_{max} - e_{min}}$ 计算可得相对密度为 0.34。

66. 答案（C）。

　　答题解析：根据《建筑地基基础设计规范》（GB 50007—2011）可知判断砂土密实度

的指标是孔隙比、相对密度、标贯击数。

67. 答案（D）。

答题解析：根据《建筑地基基础设计规范》（GB 50007—2011）可知能够判断碎石土密实度的指标是 $N_{63.5}$。

68. 答案（B）。

答题解析：根据《建筑地基基础设计规范》（GB 50007—2011）可知砂土密实度的类型有密实、中密、稍密、松散。

69. 答案（B）。

答题解析：根据《建筑地基基础设计规范》（GB 50007—2011）可知黏性土状态的类型软硬程度。

70. 答案（A）。

答题解析：根据《建筑地基基础设计规范》（GB 50007—2011）可知对黏性土状态划分起作用的指标是含水率。

71. 答案（A）。

答题解析：根据《建筑地基基础设计规范》（GB 50007—2011）可知。

72. 答案（C）。

答题解析：根据《建筑地基基础设计规范》（GB 50007—2011）可知用来表示砂土的密实状态的指标有孔隙比、相对密度、标准贯入锤击数。

73. 答案（B）。

答题解析：由 $D_r = \dfrac{e_{\max} - e_0}{e_{\max} - e_{\min}} = 0.38 \in \left(\dfrac{1}{3}, \dfrac{2}{3}\right)$，中密。

74. 答案（B）。

答题解析：《建筑地基基础设计规范》（GB 50007—2011）规定标准贯入锤击数 $N \leqslant 10$ 时，砂土密实程度为松散。

75. 答案（A）。

答题解析：根据《建筑地基基础设计规范》（GB 50007—2011）可知粗砂的天然孔隙比 $e \leqslant 0.6$ 初步判断其密实程度为密实。

76. 答案（A）。

答题解析：《土工试验方法标准》（GB/T 50123—2019）规定。

77. 答案（C）。

答题解析：由此可知，塑性指数越大，可塑性范围越大，说明土粒越小，黏粒越多，可塑性越好。

78. 答案（B）。

答题解析：根据《建筑地基基础设计规范》（GB 50007—2011）由 $I_L = \dfrac{\omega - \omega_P}{\omega_L - \omega_P} = 0.61 \in (0.25, 0.75]$ 可知为可塑状态。

79. 答案（B）。

答题解析：根据《建筑地基基础设计规范》（GB 50007—2011）可知。

80. 答案（B）。

答题解析：根据《土工试验方法标准》（GB/T 50123—2019）可知。

81. 答案（D）。

答题解析：根据《建筑地基基础设计规范》（GB 50007—2011）可知 $I_L > 1$ 该土处于流塑状态。

82. 答案（B）。

答题解析：根据《土工试验方法标准》（GB/T 50123—2019）可知弱结合水具有黏滞性，对黏性土的性质影响最大。

83. 答案（D）。

答题解析：根据《建筑地基基础设计规范》（GB 50007—2011）规定。

84. 答案（B）。

答题解析：判别黏性土的状态指标为 $I_L = \dfrac{\omega - \omega_P}{\omega_L - \omega_P}$。

85. 答案（C）。

答题解析：《土工试验方法标准》（GB/T 50123—2019）规定。

86. 答案（B）。

答题解析：$D_r = \dfrac{e_{\max} - e_0}{e_{\max} - e_{\min}}$ 解得天然孔隙比为 0.565。

87. 答案（B）。

答题解析：《土工试验方法标准》（GB/T 50123—2019）可知 $D_r = [0,1]$。

88. 答案（B）。

答题解析：由 $I_L = \dfrac{\omega - \omega_P}{\omega_L - \omega_P}$ 计算得该土的天然含水率为 28.2%。

89. 答案（A）。

答题解析：由 $I_L = \dfrac{\omega - \omega_P}{\omega_L - \omega_P}$ 计算得该土的天然含水率为 56.0%。

90. 答案（D）。

答题解析：由 $I_L = \dfrac{\omega - \omega_P}{\omega_L - \omega_P}$ 计算得该土的天然含水率为 40.5%。

91. 答案（B）。

答题解析：《土工试验方法标准》（GB/T 50123—2019）规定。

92. 答案（B）。

答题解析：《土工试验方法标准》（GB/T 50123—2019）规定。

93. 答案（B）。

答题解析：《土工试验方法标准》（GB/T 50123—2019）规定。

94. 答案（C）。

答题解析：根据《建筑地基基础设计规范》（GB 50007—2011）规定 $I_L = (0.75,1]$ 范围时黏性土处于软塑状态。

95. 答案（B）。

答题解析：根据《建筑地基基础设计规范》（GB 50007—2011）规定。

96. 答案（B）。

答题解析：根据 $I_P = (\omega_L - \omega_P) \times 100$ 可知。

97. 答案（C）。

答题解析：根据 $I_P = (\omega_L - \omega_P) \times 100$ 可知。

98. 答案（D）。

答题解析：《建筑地基基础设计规范》（GB 50007—2011）规定灵敏度 $S_t > 4$，则该土属于高灵敏度土。

99. 答案（C）。

答题解析：《建筑地基基础设计规范》（GB 50007—2011）规定。

100. 答案（B）。

答题解析：《建筑地基基础设计规范》（GB 50007—2011）规定灵敏度 $2 < S_t \leqslant 4$，该土属于中灵敏度土。

（三）多项选择题

1. 答案（AC）。

答题解析：由土的三相组成可知饱和松砂 $e = \dfrac{V_v}{V_s}$ 相对较大，故承载力低，压缩性大；砂土属于单粒结构散粒体无可塑性；饱和松砂结构处于不稳定状态，在振动荷载作用下易液化。

2. 答案（ABCD）。

答题解析：根据《建筑地基基础设计规范》（GB 50007—2011）规定可知按标准贯入锤击数 N 砂土密实度的分类标准为 $N > 30$ 为密实，$30 \geqslant N > 15$ 为中密，$15 \geqslant N > 10$ 为稍密，$N \leqslant 10$ 为松散。

3. 答案（ABC）。

答题解析：根据《建筑地基基础设计规范》（GB 50007—2011）规定可知常用砂土的密实度指标有天然孔隙比（孔隙比越小密实度越大），相对密度、标准贯入试验锤击数（越大土的密实度越大）。

4. 答案（AC）。

答题解析：密实状态的无黏性土相对颗粒较大，孔隙小，故压缩性较低，承载力较大，具有良好地基的主要条件。

5. 答案（AC）。

答题解析：根据孔隙比的定义有 $e = \dfrac{V_v}{V_s}$，用来判别无黏性土中砂土密实度的最简便方法。判别碎石土的密实度一般用重型圆锥动力触探锤击数。

6. 答案（ABC）。

答题解析：根据《建筑地基基础设计规范》（GB 50007—2011）规定黏性土随含水率变化分为固态、半固态、可塑态和液态四个稠度状态；从一个稠度状态过渡到另一个稠度状态时的分界含水率称为界限含水率，四个状态之间有缩限、液限、塑限三个界限含水率。

7. 答案（AC）。

答题解析：略。

8. 答案（BD）。

答题解析：根据《土工试验方法标准》（GB/T 50123—2019）可知测定砂土最大孔隙比时采用的有代表性的（充分风干或烘干）砂土 1.5kg，采用漏斗法和量筒法，测定最大体积计算最小干密度 $\rho_{d\min} = \dfrac{m_d}{V_{\max}}$ ，再换算可得 $e_{\max} = \dfrac{\rho_w G_s}{\rho_{d\min}} - 1$ 。

9. 答案（ABD）。

答题解析：根据《建筑地基基础设计规范》（GB 50007—2011）规定，根据砂土的相对密度可将砂土密实度划分为 $D_r > 0.67$ 密实，$0.67 \geqslant D_r > 0.33$ 中密，$D_r \leqslant 0.33$ 松散。

10. 答案（AB）。

答题解析：根据《建筑地基基础设计规范》（GB 50007—2011）可知标准贯入试验是用（63.5±0.5）kg 的穿心锤，以（76±2）cm 的自由落距测记标准贯入器打入 30cm 的锤击数 N 判断砂土的密实程度，$N > 30$ 为密实，$30 \geqslant N > 15$ 为中密，$15 \geqslant N > 10$ 为稍密，$N \leqslant 10$ 为松散。

重型圆锥动力触探试验是用质量为（63.5±0.5）kg 的落锤，以（76±2）cm 的自由落距测记贯入器打入 10cm 的锤击数 $N_{63.5}$ 判断碎石土的密实程度，$N_{63.5} \leqslant 5$ 松散，$5 < N_{63.5} \leqslant 10$ 稍密，$10 < N_{63.5} \leqslant 20$ 中密，$N_{63.5} > 20$ 密实。

11. 答案（ABC）。

答题解析：缩限、液限和塑限是界限含水率，含水率可以通过试验直接测定；塑性指数通过公式 $I_P = (\omega_L - \omega_P) \times 100$ 计算可得。

12. 答案（CD）。

答题解析：根据《土工试验方法标准》（GB/T 50123—2019）可知确定黏性土液限的方法有蝶式液限仪试验和液塑限联合测定法。

13. 答案（BD）。

答题解析：根据《土工试验方法标准》（GB/T 50123—2019）可知能够确定黏性土塑限的方法有搓滚法和液塑限联合测定法。

14. 答案（ACD）。

答题解析：根据《建筑地基基础设计规范》（GB 50007—2011）规定黏性土随含水率变化分为固态、半固态、可塑态和液态四个稠度状态；从一个稠度状态过渡到另一个稠度状态时的分界含水率称为界限含水率，从小到大分别是缩限、塑限和液限；液限是指可塑态和液态之间的界限含水率，天然土含水率可以大于液限，也可以小于液限。

15. 答案（AB）。

答题解析：根据公式计算 $e_0 = \dfrac{G_s \gamma_w}{\gamma_d} - 1$ ，$e_{\max} = \dfrac{\rho_w G_s}{\rho_{d\min}} - 1$ ，$e_{\min} = \dfrac{\rho_w G_s}{\rho_{d\max}} - 1$ 及 $D_r = \dfrac{e_{\max} - e_0}{e_{\max} - e_{\min}} = 0.28 < 0.33$ ，所以为松散状态。

16. 答案（AD）。

答题解析：由 $e_{max} = \dfrac{\rho_w G_s}{\rho_{dmin}} - 1$ ，$e_{min} = \dfrac{\rho_w G_s}{\rho_{dmax}} - 1$ 公式计算可得。

17. 答案（AC）。

答题解析：由公式 $I_L = \dfrac{\omega - \omega_P}{\omega_L - \omega_P}$ 反算可得 $\omega_P = 21\%$ ，$0.75 < I_L = 0.97 \leqslant 1$ 为软塑状态。

18. 答案（BC）。

答题解析：由公式 $I_P = (\omega_L - \omega_P) \times 100$ 和 $I_L = \dfrac{\omega - \omega_P}{\omega_L - \omega_P}$ 计算可得。

19. 答案（AC）。

答题解析：由公式 $I_P = (\omega_L - \omega_P) \times 100$ 和 $I_L = \dfrac{\omega - \omega_P}{\omega_L - \omega_P}$ 计算可得。

20. 答案（ABC）。

答题解析：根据《建筑地基基础设计规范》（GB 50007—2011）规定根据灵敏度的大小可将黏性土分为高灵敏度、中灵敏度和低灵敏度。

21. 答案（BD）。

答题解析：根据公式计算有 $S_t = \dfrac{q_u}{q'_u} = 18.9/8.2 = 2.3$ ，且 $2 < S_t \leqslant 4$ 为中灵敏度土。

22. 答案（ABC）。

答题解析：根据《建筑地基基础设计规范》（GB 50007—2011）规定判断碎石土的密实度的指标有 $N_{63.5}$，e、D_r 和 N 是判别砂土密实度的指标。

23. 答案（ACD）。

答题解析：根据《建筑地基基础设计规范》（GB 50007—2011）规定黏性土状态有坚硬、硬塑、可塑、软塑和流塑 5 种状态。

24. 答案（BD）。

答题解析：《土工试验方法标准》（GB/T 50123—2019）规定液塑限联合测定法使用的圆锥仪锥质量及锥角为 76g 及 30°。

25. 答案（BC）。

答题解析：根据《土工试验方法标准》（GB/T 50123—2019）规定液塑限联合测定法使用的关系图为圆锥下沉深度与含水率关系图及查得下沉深度为 17mm 所对应的含水率为液限。

26. 答案（BD）。

答题解析：根据《土工试验方法标准》（GB/T 50123—2019）规定液塑限联合测定法使用的关系图为圆锥下沉深度与含水率关系图及查得下沉深度为 2mm 所对应的含水率为塑限。

27. 答案（AC）。

答题解析：根据《土工试验方法标准》（GB/T 50123—2019）规定相对密度试验测定最小孔隙比时，击锤击实的时间为 5～10min，每分钟击实次数为 30～60 次。

28. 答案（AD）。

答题解析：由公式 $I_L = \dfrac{\omega - \omega_P}{\omega_L - \omega_P}$ 计算可得天然含水率为 23.5%，液性指数为 $0 < 0.17 \leqslant 0.25$，可判别状态为硬塑状态。

29. 答案（BC）。

答题解析：根据《建筑地基基础设计规范》（GB 50007—2011）规定可知土的界限含水率有缩限、塑限和液限，且塑限小于液限。

30. 答案（ABCD）。

答题解析：由公式 $I_L = \dfrac{\omega - \omega_P}{\omega_L - \omega_P}$ 可知天然含水率可以小于塑限、大于塑限或大于液限，所以土的液性指数可取值为 $I_L = 0$、$I_L < 0$、$0 < I_L \leqslant 1$ 或 $I_L > 1$。

31. 答案（ACD）。

答题解析：由公式 $I_P = (\omega_L - \omega_P) \times 100$，且液限大于塑限可知土的塑性指数大于 0。

32. 答案（AB）。

答题解析：根据《土工试验方法标准》（GB/T 50123—2019）规定重型圆锥动力触探试验是用质量为 (63.5 ± 0.5) kg 的落锤，以 (76 ± 2) cm 的自由落距测记贯入器打入 10cm 的锤击数 $N_{63.5}$ 判断碎石土的密实程度。

33. 答案（AC）。

答题解析：根据《建筑地基基础设计规范》（GB 50007—2011）规定重型圆锥动力触探试验是用质量为 (63.5 ± 0.5) kg 的落锤，以 (76 ± 2) cm 的自由落距测记贯入器打入 10cm 的锤击数 $N_{63.5}$ 判断碎石土的密实程度。

34. 答案（BD）。

答题解析：根据《建筑地基基础设计规范》（GB 50007—2011）可知标准贯入试验是用 (63.5 ± 0.5) kg 的穿心锤，以 (76 ± 2) cm 的自由落距测记标准贯入器打入 30cm 的锤击数 N 判断砂土的密实程度，$N > 30$ 为密实，$30 \geqslant N > 15$ 为中密，$15 \geqslant N > 10$ 为稍密，$N \leqslant 10$ 为松散。

35. 答案（AC）。

答题解析：由公式 $D_r = \dfrac{e_{\max} - e_0}{e_{\max} - e_{\min}} = 0.38 > 0.33$，密实状态为中密。

36. 答案（AB）。

答题解析：根据《土工试验方法标准》（GB/T 50123—2019）可知用来测定黏性土的界限含水率的方法是收缩皿法测定缩限、搓滚法测定塑限。

37. 答案（ABC）。

答题解析：公式 $I_p = (\omega_L - \omega_P) \times 100$ 可知，取值代表塑限到液限的可塑阶段，塑性指数越大，说明土的土粒越细、黏粒含量越多、颗粒亲水能力越强，塑性越强。

38. 答案（BC）。

答题解析：由公式 $I_L = \dfrac{\omega - \omega_P}{\omega_L - \omega_P} = \dfrac{0.4 - 0.22}{0.56 - 0.22} = 0.53$，为可塑状态；$I_P = (\omega_L - \omega_P) \times 100 = 34 > 17$ 且液限大于 50% 为高液限黏土。

39. 答案（BCD）。

答题解析：根据《建筑地基基础设计规范》（GB 50007—2011）规定可知判别黏性土的状态指标为液性指数 $I_L = \dfrac{\omega - \omega_P}{\omega_L - \omega_P}$，故相关因素有天然含水率、液限和塑限。

40. 答案（BC）。

答题解析：根据《建筑地基基础设计规范》（GB 50007—2011）规定可得知 $D_r = \dfrac{e_{\max} - e_0}{e_{\max} - e_{\min}}$，取值划分为（0.67，1]密实状态，（0.33，0.67]中密状态，（0，0.33]松散状态。

41. 答案（BCD）。

答题解析：根据《建筑地基基础设计规范》（GB 50007—2011）规定黏性土软硬状态根据液性指数划分，软塑状态时其液性指数范围是（0.75，1，0]。

42. 答案（ABC）。

答题解析：灵敏度是用来衡量土的结构性对强度的影响，土的灵敏度越高，则其结构性越强、土层结构越易受到扰动、受扰动后的强度降低越明显。

43. 答案（AC）。

答题解析：根据灵敏度计算公式有 $S_t = \dfrac{q_u}{q_u} = 4.65 > 4$，为高灵敏度土。

44. 答案（ABC）。

答题解析：根据《土工试验方法标准》（GB/T 50123—2019）规定液塑限联合测定法用到的仪器设备有液塑限联合测定仪、天平、铝盒和盛土杯。

45. 答案（BD）。

答题解析：根据《土工试验方法标准》（GB/T 50123—2019）规定可知，液塑限联合试验采用天然含水率的土或风干土制备 3 个不同含水率土样，测定圆锥下沉 5s 的下沉深度并同时测定该土样含水率，在双对数坐标图上绘制以下沉深度为纵坐标、含水率为横坐标的关系线，取下沉深度为 2mm 处含水率为塑限，17mm 下沉深度处含水率为液限。当三点不在一条直线上时，绘出两条直线，在入土深度 2mm 横线上的两交点含水率差值≥2%时，应补做试验。

第五部分　土的工程性质及应用

知识点：

本部分要求掌握土的各种工程性质的定义、性质指标的计算公式及试验检测方法、标准，并了解各种工程性质指标的相关工程应用。

（一）判断题

1. 答案（√）。

答题解析：《公路土工试验规程》（JTG 3430—2020）可知土的渗透性是指土体被水透过的性能。

2. 答案（√）。

答题解析：《公路土工试验规程》（JTG 3430—2020）可知达西定律适用于层流状态。

3. 答案（×）。

答题解析：《公路土工试验规程》（JTG 3430—2020）可知达西定律适用于层流状态。

4. 答案（√）。

答题解析：《公路土工试验规程》（JTG 3430—2020）可知达西定律是法国工程师达西对均质砂土进行试验得出的层流状态的渗透规律。

5. 答案（√）。

答题解析：《公路土工试验规程》（JTG 3430—2020）可知，水的渗透产生动水压力，将引起土体内部应力状态发生变化。

6. 答案（×）。

答题解析：《公路土工试验规程》（JTG 3430—2020）可知，渗透力自上而下时有利于土体的稳定。

7. 答案（√）。

答题解析：根据达西定律表达式 $v = ki$ 。

8. 答案（×）。

答题解析：根据达西定律表达式 $v = ki$ 表明水在土中的渗透速度与水力比降成正比。

9. 答案（√）。

答题解析：由 $i = \dfrac{\Delta H}{L}$ 可知水力比降是水头差与相应渗透路径的比值。

10. 答案（√）。

答题解析：密实的黏土孔隙小，颗粒表面弱结合水具有黏滞性，对水在土中的渗透有阻碍作用。

11. 答案（√）。

答题解析：《土工试验方法标准》（GB/T 50123—2019）规定，土的渗透系数是评价土的渗透性大小的参数。

12. 答案（×）。

答题解析：《土工试验方法标准》（GB/T 50123—2019）规定，土的渗透系数是评价土的渗透性大小的参数，与水头差无关。

13. 答案（×）。

答题解析：抽水试验适用于测定不易取土的粗粒土或成层土的渗透系数。

14. 答案（√）。

答题解析：《土工试验方法标准》（GB/T 50123—2019）规定，土的渗透系数的室内测定方法有常水头渗透试验和变水头渗透试验。

15. 答案（×）。

答题解析：《土工试验方法标准》（GB/T 50123—2019）规定，变水头渗透试验是一种室内试验。

16. 答案（√）。

答题解析：《公路土工试验规程》（JTG 3430—2020）规定，抽水试验可以测定土的渗透系数。

17. 答案（√）。

答题解析：据《土工试验方法标准》（GB/T 50123—2019）规定，常水头渗透试验过程中，水头保持为一常数。

18. 答案（√）。

答题解析：据《土工试验方法标准》（GB/T 50123—2019）规定，变水头渗透试验过程中，渗透水头随时间而变化。

19. 答案（√）。

答题解析：据《土工试验方法标准》（GB/T 50123—2019）规定，常水头渗透试验适用于粗粒土。

20. 答案（√）。

答题解析：据《土工试验方法标准》（GB/T 50123—2019）规定，砂土的渗透系数可通过常水头渗透试验测定。

21. 答案（×）。

答题解析：据《土工试验方法标准》（GB/T 50123—2019）规定，碎石土的渗透系数可通过常水头渗透试验测得。

22. 答案（×）。

答题解析：据《土工试验方法标准》（GB/T 50123—2019）规定，渗流模型中的渗流速度满足达西定律的规律。

23. 答案（×）。

答题解析：据《土工试验方法标准》（GB/T 50123—2019）规定，渗流模型中的渗流速度满足达西定律，小于真实的水流流速。

24. 答案（×）。

答题解析：据《土工试验方法标准》（GB/T 50123—2019）规定，土的颗粒越粗、越均匀，土的渗透性就越大。

25. 答案（×）。

   答题解析：据《公路土工试验规程》（JTG 3430—2020）规定，土中含有的亲水性黏土矿物越多，土的渗透性越小。

26. 答案（√）。

   答题解析：据《公路土工试验规程》（JTG 3430—2020）规定，土的密实度越大，则孔隙比越小，土的渗透性越小。

27. 答案（×）。

   答题解析：在同一土层中可能发生的渗透变形有流土和管涌两种形式。

28. 答案（×）。

   答题解析：据《建筑地基基础设计规范》（GB 50007—2011）可知，土层具有成层性，在竖直方向上的渗透系数不一样。

29. 答案（√）。

   答题解析：据《建筑地基基础设计规范》（GB 50007—2011）可知，土层具有成层性，一般情况下土层在竖直方向的渗透系数比水平方向小。

30. 答案（×）。

   答题解析：据《公路土工试验规程》（JTG 3430—2020）规定，同一种土中，土中水的温度越高，相应的渗透系数越大。

31. 答案（×）。

   答题解析：据《公路土工试验规程》（JTG 3430—2020）规定，土中水的温度变化则土的动力黏滞系数发生改变，对土的渗透系数有影响。

32. 答案（√）。

   答题解析：渗透力定义是指渗流作用在土颗粒上单位体积的作用力。

33. 答案（×）。

   答题解析：据渗透力定义是指渗流作用在土颗粒上单位体积的作用力，是一种体积力。

34. 答案（×）。

   答题解析：流土一般发生在土体的表面。

35. 答案（√）。

   答题解析：渗透力是指渗流作用在土颗粒上单位体积的作用力，渗透力的方向与渗流的方向一致。

36. 答案（√）。

   答题解析：有水力比降才有渗透发生，据渗透力定义有 $j = \gamma_w i$，渗透力的大小与水力比降成正比。

37. 答案（√）。

   答题解析：在同一土层中，随着渗透力的大小不同，可能发生渗透变形，当渗透力等于或大于土体的有效重度时可能的破坏形式为流土和管涌。

38. 答案（√）。

   答题解析：流土是指向上的渗透力等于土体有效重度时土颗粒处于悬浮状态失去稳

定，所以流土往往发生在自下而上的渗流情况下。

39. 答案（×）。

答题解析：土的压缩系数是取一定压力范围内的孔隙比差值与压力差的比值，在不同的压力范围内不是常数。

40. 答案（×）。

答题解析：由流土的临界水力比降公式 $i_{cr} = \dfrac{G_s - 1}{1 + e}$ 判断。

41. 答案（√）。

答题解析：临界水力坡度 $i_{cr} = \dfrac{\gamma_{sat} - \gamma_w}{\gamma_w}$，所以土的饱和密度越大，其发生流土时的临界水力比降也越大。

42. 答案（×）。

答题解析：临界水力坡度 $i_{cr} = \dfrac{\gamma_{sat} - \gamma_w}{\gamma_w}$，土的有效密度越大，其发生流土时的临界水力比降越大。

43. 答案（√）。

答题解析：管涌是指在渗流作用下，$i > i_{cr}$ 时，土中的细颗粒透过大颗粒孔隙流失的现象。

44. 答案（√）。

答题解析：管涌是指地基土壤级配缺少某些中间粒径的非黏性土壤，在上游水位升高，出逸点渗透坡降大于土壤允许值时，地基土体中较细土粒被渗流推动带走的现象，是一种渐进性的渗透破坏形式。

45. 答案（×）。

答题解析：接触流失是指渗流垂直于渗透系数相差较大的两相邻土层流动时，将渗透系数较小的土层中的细颗粒带入渗透系数较大的土层中的现象。

46. 答案（√）。

答题解析：土压缩性是指土受压时体积压缩变小的性质，常用压缩系数来反映土压缩性的大小。一般取土的压缩曲线上 $p_1 = 100\text{kPa}$、$p_2 = 200\text{kPa}$ 两点连接直线的斜率表示土的压缩系数，斜率越大，曲线越陡，土的压缩性越高。

47. 答案（×）。

答题解析：土的压缩模量是指在侧限条件下，土样在加压方向上应力变化量与相应压应变变化量的比值，与压缩系数成反比。

48. 答案（√）。

答题解析：土的压缩系数一般取土的压缩曲线上 $p_1 = 100\text{kPa}$、$p_2 = 200\text{kPa}$ 两点连接直线的斜率表示，土的压缩系数越大，土的压缩性越高。

49. 答案（×）。

答题解析：土的压缩模量反映土体抵抗压缩变形的能力，土的压缩模量越大，土的压缩性越低。

50. 答案（×）。

答题解析：根据《建筑地基基础设计规范》（GB 50007—2011）有超固结比 $OCR = \dfrac{p_c}{p_0} < 1$ 时为欠固结土。

51. 答案（√）。

答题解析：根据《建筑地基基础设计规范》（GB 50007—2011）有超固结比 $OCR = \dfrac{p_c}{p_0} = 1$ 时为正常固结土。

52. 答案（×）。

答题解析：正常固结土是指超固结比等于 1 的土，未经夯实的新填土可能是欠固结土。

53. 答案（√）。

答题解析：根据《建筑地基基础设计规范》（GB 50007—2011）规定超固结比是先期固结压力与现有的固结压力的比值。

54. 答案（×）。

答题解析：土体的破坏主要是因为颗粒之间的黏聚力被破坏而产生相对位移出现剪切破坏，所以土的强度问题实质是土的抗剪强度问题。

55. 答案（√）。

答题解析：根据《公路土工试验规程》（JTG 3430—2020）规定土的抗剪强度为 $\tau_f = c + \sigma\tan\varphi$，土的抗剪强度指标是指土的黏聚力和土的内摩擦角。

56. 答案（×）。

答题解析：根据《公路土工试验规程》（JTG 3430—2020）规定土的抗剪强度为 $\tau_f = c + \sigma\tan\varphi$，与土体承受的法向压力、试验方法和试验条件有关，故土的抗剪强度不是定值。

57. 答案（√）。

答题解析：根据《公路土工试验规程》（JTG 3430—2020）规定土的抗剪强度遵循库仑定律为 $\tau_f = c + \sigma\tan\varphi$，故土的抗剪强度与剪切滑动面上的法向应力成正比。

58. 答案（√）。

答题解析：纯净砂土是单粒结构，颗粒之间呈无联结状态，故纯净砂土的黏聚力等于 0。

59. 答案（×）。

答题解析：根据《公路土工试验规程》（JTG 3430—2020）规定土的抗剪强度遵循库仑定律为 $\tau_f = c + \sigma\tan\varphi$，库仑定律表明土的抗剪强度与滑动面上的法向应力成正比。

60. 答案（√）。

答题解析：根据土中一点的应力 σ 和 τ 间的相互关系，可知土的应力状态可用莫尔应力圆表示。

61. 答案（√）。

答题解析：根据抗剪强度包线与应力莫尔圆之间的位置关系可知，当抗剪强度线与莫尔应力圆相切时，表明土体处于极限平衡状态。

62. 答案（×）。

答题解析：根据抗剪强度包线与应力莫尔圆之间的位置关系可知，当抗剪强度线处于莫尔应力圆上方时，表明土体应力未达到土体的抗剪强度，土体处于安全状态。

63. 答案（×）。

答题解析：根据土体的极限平衡理论可知，土中某点 $\tau = \tau_f$，该点即处于极限平衡状态，它所代表的作用面即为土体的剪切破裂面，且破裂面与大主应力作用面夹角破裂角 $\alpha_f = 45° + \dfrac{\varphi}{2}$。另外，根据静力平衡条件，可得作用于土体某单元体内最大剪应力作用面与大主应力作用面的夹角 $\alpha = 45°$。显然，$\alpha \neq \alpha_f$，所以土体的最大剪应力面不是剪切破裂面。

64. 答案（√）。

答题解析：解析同上题。

65. 答案（×）。

答题解析：根据土体极限平衡条件可知土体发生剪切破坏时土体的剪切破坏面与最大主应力作用线方向的夹角为 $45° - \dfrac{\varphi}{2}$。

66. 答案（×）。

答题解析：根据《公路土工试验规程》（JTG 3430—2020）规定无侧限抗压强度试验可适用于测定饱和软黏土。

67. 答案（×）。

答题解析：饱和软黏土的无侧限抗压试验是使用圆柱体试样在无侧向压力及不排水条件下施加轴向压力至土样剪切破坏，相当于三轴剪切仪进行 $\sigma_3 = 0$ 的不排水剪试验，试样剪切破坏时能承受的最大轴向压力即为无侧限抗压强度 q_u；对于饱和黏土的不排水抗剪强度由于其内摩擦角 $\varphi_u \approx 0$，其水平切线就是抗剪强度包线，该线在 τ 轴上的截距 $c_u = \tau_f = \dfrac{q_u}{2}$，即饱和软黏土的不排水抗剪强度等于其无侧限抗压强度的一半。

68. 答案（×）。

答题解析：根据《公路土工试验规程》（JTG 3430—2020）可知十字板剪切试验适用于难于取样或试样在自重作用下不能保持原有形状的饱和软黏土。

69. 答案（√）。

答题解析：土的内摩擦力主要包含土的颗粒之间的滑动摩擦和颗粒间的咬合摩擦，咬合摩擦角的大小与土的密实程度、颗粒级配、颗粒形状等有关。土的颗粒越均匀，颗粒级配越差，土的内摩擦角越小。

70. 答案（√）。

答题解析：黏性土的黏聚力是由于土粒之间的胶结作用、结合水膜及水分子引力作用等形成，黏性土的结构受到扰动后，土的结构被破坏，其黏聚力会降低，土体的强度也会降低。

71. 答案（×）。

答题解析：根据《公路土工试验规程》（JTG 3430—2020）可知直剪试验的剪切破坏面是上下剪切盒交界面，未必是土样最薄弱的面。

72. 答案（×）。

答题解析：根据《公路土工试验规程》（JTG 3430—2020）可知，直接剪切试验简单方便，不能严格控制排水条件，无法量测试验中孔隙水压力的变化。

73. 答案（√）。

答题解析：根据《公路土工试验规程》（JTG 3430—2020）规定，黏性土的击实曲线的峰值点对应的含水率为其最优含水率。

74. 答案（×）。

答题解析：黏性土处于饱和状态时，由于渗透系数小，在击实过程中来不及排水，外力功大部分变成孔隙应力，有效击实功减小，干密度降低，不可击实。

75. 答案（×）。

答题解析：对于同一土料，随着压实功能的增大，最大干密度相应增大，而最优含水率减小。

76. 答案（×）。

答题解析：粗粒土的击实特性与黏性土不相同。砂土使用击实的方法不易密实，没有最优含水率和最大干密度。

77. 答案（√）。

答题解析：根据 $a_{1-2} = \dfrac{\Delta e}{\Delta p}$ 公式计算可得土的压缩试验结果 100kPa 的孔隙比为 0.659，200kPa 的孔隙比为 0.603，压缩系数为 0.56MPa^{-1}。

78. 答案（×）。

答题解析：根据公式计算可得 $e = e_0 - \dfrac{\Delta s}{H_0} \times (1 + e_0) = 0.781 - \dfrac{1.65}{20} \times (1 + 0.781) = 0.634$。

79. 答案（×）。

答题解析：根据 $i = \Delta H/L$ 计算可得土体内两点的水头差 5.2m，两点的间距 15.3m，那么两点的水力比降为 0.34。

80. 答案（√）。

答题解析：根据 $i = \Delta H/L$ 计算可得土体内 A 点的水位 8.6m，B 点的水位 4.7m，两点的水力比降为 0.38，两点的间距为 10.3m。

81. 答案（√）。

答题解析：根据达西定律公式 $v = ki$ 计算，土体内 A 点的水位 13.6m，B 点的水位 5.8m，渗透系数为 1.02cm/s，两点的间距为 18.9m，两点的渗透速度为 0.42 cm/s。

82. 答案（√）。

答题解析：根据砂土库仑定律计算公式 $\tau_f = \sigma\tan\varphi$ 可得砂土做直接剪切试验得到 100kPa 的剪应力为 62.7kPa，该土的内摩擦角为 32.1°。

83. 答案（×）。

答题解析：根据黏性土库仑定律公式 $\tau_f = c + \sigma\tan\varphi$ 有黏性土做直接剪切试验得到

200kPa 的剪应力为 92.5kPa，该土的内摩擦角为 12.6°，它的黏聚力为 47.8kPa。

84. 答案（√）。

答题解析：根据黏性土库仑定律公式 $\tau_f = c + \sigma\tan\varphi$ 可得黏性土做直接剪切试验得到 300kPa 的剪应力为 141.2kPa，该土的黏聚力为 68.7kPa，它的内摩擦角为 13.6°。

85. 答案（√）。

答题解析：根据《公路土工试验规程》（JTG 3430—2020）可知常水头渗透试验适用于粗粒土，试验时取具有代表性的风干试样 3～4kg，称量准确至 1.0g，并测定试样的风干含水率。

86. 答案（×）。

答题解析：根据《公路土工试验规程》（JTG 3430—2020）可知常水头渗透试验如果含黏粒较多，应在金属孔板上加铺厚约 2cm 粗砂作过渡层。

87. 答案（√）。

答题解析：根据《公路土工试验规程》（JTG 3430—2020）规定，变水头渗透试验土样在一定水头作用下静置一段时间，待出水管口有水溢出直至水中无气泡时，再开始进行试验测定。

88. 答案（×）。

答题解析：根据《公路土工试验规程》（JTG 3430—2020）可知固结试验的目的是测定试样在侧限与轴向排水条件下的变形和压力，或孔隙比和压力的关系，以便计算土的压缩系数及原状土的先期固结应力等。

89. 答案（×）。

答题解析：根据《公路土工试验规程》（JTG 3430—2020）规定可知，压缩系数为变量，一般取固结试验的 e—P 曲线上 100～200kPa 的压缩系数来评价土的压缩性。

90. 答案（×）。

答题解析：根据《公路土工试验规程》（JTG 3430—2020）规定可知，直接剪切仪适用于测定细粒土及土颗粒的粒径应小于 2mm 砂土的剪切试验。

91. 答案（√）。

答题解析：根据《公路土工试验规程》（JTG 3430—2020）规定，快速固结试验稳定标准为量表读数每小时变化不大于 0.005mm。

92. 答案（√）。

答题解析：根据《公路土工试验规程》（JTG 3430—2020）规定，固结试验快速法规定试样在各级压力下的固结时间为 1h，最后一级压力达压缩稳定。

93. 答案（×）。

答题解析：根据《公路土工试验规程》（JTG 3430—2020）可知，快剪试验是在试样上施加垂直压力，立即快速施加水平剪切力。

（二）单项选择题

1. 答案（A）。

答题解析：由 $i = \dfrac{\Delta H}{L}$ 可知。

2. 答案（B）。

答题解析：根据《公路土工试验规程》（JTG 3430—2020）规定。

3. 答案（C）。

答题解析：根据《公路土工试验规程》（JTG 3430—2020）规定。

4. 答案（C）。

答题解析：根据《公路土工试验规程》（JTG 3430—2020）规定。前两者是室内试验，现场载荷试验是测定地基承载力试验。

5. 答案（C）。

答题解析：由渗透力定义 $j = \gamma_w i$ 可知。

6. 答案（A）。

答题解析：由渗透力的定义可知。

7. 答案（B）。

答题解析：由渗透力的定义可知。

8. 答案（B）。

答题解析：因为渗流受到土颗粒的阻碍作用。

9. 答案（C）。

答题解析：因为渗流时会对土颗粒产生渗透力有可能带动颗粒运动。

10. 答案（B）。

答题解析：流土是指渗流自下而上，当渗透力等于或大于土的有效重度，土粒间压力被抵消，土粒处于悬浮状态而失去的稳定，土粒随水流动的现象，发生在渗流溢出处，不发生在土体内部。

11. 答案（A）。

答题解析：管涌是指渗透力作用下无黏性土中的细颗粒在粗颗粒形成的孔隙中移动，逐渐在土中形成贯通的渗流管道，造成塌陷的现象，可能发生在渗流溢出处，也可能发生在土体内部，是渗透变形的一种形式。

12. 答案（D）。

答题解析：渗透破坏的形式有流土和管涌两种，根据各自定义可知。

13. 答案（C）。

答题解析：有流土的定义可知。

14. 答案（B）。

答题解析：由流土临界水力比降条件 $i_{cr} = \dfrac{\gamma'}{\gamma_w}$ 可得。

15. 答案（A）。

答题解析：由 $i_{cr} = \dfrac{\gamma'}{\gamma_w}$ 和 $[i_{cr}] = \dfrac{i_{cr}}{k}$ 可得。

16. 答案（A）。

答题解析：由 $i_{cr} = \dfrac{G_s - 1}{1 + e}$ 可得。

17. 答案（B）。

答题解析：由 $i_{\sigma} = \dfrac{G_s - 1}{1 + e}$ 和 $[i_{\sigma}] = \dfrac{i_{\sigma}}{k}$ 可得。

18. 答案（C）。

答题解析：压缩性是指地基土在压力作用下主要是土中水和气体从空隙里逐渐排出使土体体积减小的特性。

19. 答案（B）。

答题解析：根据《公路土工试验规程》（JTG 3430—2020）规定。

20. 答案（A）。

答题解析：根据 $S_r = \dfrac{\omega d_s}{e}$ 可知。

21. 答案（A）。

答题解析：根据《公路土工试验规程》（JTG 3430—2020）规定。

22. 答案（B）。

答题解析：根据压缩系数的定义 $a = \dfrac{\Delta e}{\Delta p}$ 可知。

23. 答案（B）。

答题解析：根据《公路土工试验规程》（JTG 3430—2020）规定 $0.1\text{MPa}^{-1} \leqslant a_{1-2} < 0.5\text{MPa}^{-1}$ 属中压缩性土。

24. 答案（A）。

答题解析：根据《公路土工试验规程》（JTG 3430—2020）规定 $a_{1-2} < 0.1\text{MPa}^{-1}$ 属低压缩性土。

25. 答案（C）。

答题解析：根据《公路土工试验规程》（JTG 3430—2020）规定 $a_{1-2} \geqslant 0.5\text{MPa}^{-1}$ 属高压缩性土。

26. 答案（D）。

答题解析：根据压缩指数定义指在压缩试验 $e - \lg p$ 曲线上直线段的斜率 $C_c = \dfrac{e_1 - e_2}{\lg p_2 - \lg p_1}$ 可知。压缩指数越大土的压缩性越高，不随压力变化而变化。

27. 答案（B）。

答题解析：根据 $a_{1-2} = \dfrac{e_1 - e_2}{200 - 100} = \dfrac{0.952 - 0.936}{100} \times 10^3 = 0.16(\text{MPa}^{-1})$。

28. 答案（D）。

答题解析：压缩模量是指土在侧限条件下竖向应力增量与相应应变增量的比值 $E_s = \dfrac{\Delta p}{\Delta \epsilon} = \dfrac{1 + e_1}{a}$ 可知。

29. 答案（C）。

答题解析：由压缩性能指标有压缩系数、压缩指数和压缩模量，压缩模量与压缩系数成反比可知。

30. 答案（A）。

答题解析：由 $a_{1-2} = \dfrac{e_1 - e_2}{p_2 - p_1}$ 和 $E_s = \dfrac{1 + e_1}{a}$ 可得。

31. 答案（C）。

答题解析：根据《公路土工试验规程》（JTG 3430—2020）规定可知 $a_{1-2} \geqslant 0.5\mathrm{MPa}^{-1}$ 时该土属高压缩性土。

32. 答案（C）。

答题解析：根据《建筑地基基础设计规范》（GB 50007—2011）可知，$OCR < 1.0$ 时为欠固结土。

33. 答案（B）。

答题解析：根据《建筑地基基础设计规范》（GB 50007—2011）可知，$OCR = 1.0$ 时为正常固结土。

34. 答案（A）。

答题解析：根据《建筑地基基础设计规范》（GB 50007—2011）可知，$OCR > 1.0$ 时为超固结土。

35. 答案（C）。

答题解析：因为未经夯实的新填土自重应力未经沉积一般都小于前期最大固结应力，所以 $OCR = \dfrac{p_c}{\sigma_{cz}}$ 小于 1。

36. 答案（A）。

答题解析：因为未经夯实的新填土自重应力未经沉积一般都小于前期最大固结应力，所以 $OCR = \dfrac{p_c}{\sigma_{cz}}$ 小于 1。

37. 答案（A）。

答题解析：根据《建筑地基基础设计规范》（GB 50007—2011）可知 $\tau_f = c + \sigma\tan\varphi$。

38. 答案（C）。

答题解析：根据《建筑地基基础设计规范》（GB 50007—2011）规定可知。

39. 答案（D）。

答题解析：根据《公路土工试验规程》（JTG 3430—2020）规定可知。

40. 答案（C）。

答题解析：根据《公路土工试验规程》（JTG 3430—2020）规定可知 $\tau_f = \dfrac{q_u}{2}$。

41. 答案（D）。

答题解析：根据《公路土工试验规程》（JTG 3430—2020）规定。

42. 答案（A）。

答题解析：根据《公路土工试验规程》（JTG 3430—2020）规定此类土剪切过程中不考虑排水。

43. 答案（B）。

答题解析：根据《公路土工试验规程》（JTG 3430—2020）规定选择。

44. 答案（B）。

答题解析：根据《公路土工试验规程》（JTG 3430—2020）规定可知直接剪切试验简单快捷，不需考虑排水条件。

45. 答案（A）。

答题解析：根据《建筑地基基础设计规范》（GB 50007—2011）和抗剪强度定义可知 $\tau_f = c + \sigma\tan\varphi$。

46. 答案（C）。

答题解析：根据《建筑地基基础设计规范》（GB 50007—2011）可知。

47. 答案（C）。

答题解析：根据《公路土工试验规程》（JTG 3430—2020）有直接剪切试验过程采用四个土样四级荷载加压。

48. 答案（B）。

答题解析：根据《公路土工试验规程》（JTG 3430—2020）规定。

49. 答案（A）。

答题解析：根据《公路土工试验规程》（JTG 3430—2020）规定可知此类土不必考虑排水条件。

50. 答案（C）。

答题解析：根据《公路土工试验规程》（JTG 3430—2020）规定 $\tau_f = \dfrac{q_u}{2}$ 可得。

51. 答案（C）。

答题解析：根据《公路土工试验规程》（JTG 3430—2020）规定此类土的剪切过程中应考虑排水固结对强度的影响。

52. 答案（B）。

答题解析：根据土的抗剪强度定义可知。

53. 答案（C）。

答题解析：根据《建筑地基基础设计规范》（GB 50007—2011）可知。

54. 答案（A）。

答题解析：根据《建筑地基基础设计规范》（GB 50007—2011）可知。

55. 答案（B）。

答题解析：由 $\sigma = \dfrac{\sigma_1 + \sigma_3}{2} + \dfrac{\sigma_1 - \sigma_3}{2}\cos 2\alpha$ 计算可得。

56. 答案（A）。

答题解析：$\tau = \dfrac{\sigma_1 - \sigma_3}{2}\sin 2\alpha$ 计算可得。

57. 答案（B）。

答题解析：注意 α 是指破坏面与大主应力作用面的夹角，由 $\alpha = 90° - 60° = 30°$ 和 $\sigma = \dfrac{\sigma_1 + \sigma_3}{2} + \dfrac{\sigma_1 - \sigma_3}{2}\cos 2\alpha$ 计算可得。

58. 答案（A）。

答题解析：注意 α 是指破坏面与大主应力作用面的夹角，由 $\alpha = 90° - 60° = 30°$ 和 $\tau = \dfrac{\sigma_1 - \sigma_3}{2} \sin 2\alpha$ 计算可得。

59. 答案（B）。

答题解析：由规范规定破坏面与大主应力作用面夹角 $\alpha_f = 45° + \dfrac{\varphi}{2}$ 可得。

60. 答案（C）。

答题解析：由规范规定破坏面与小主应力作用面夹角 $\alpha_f = 45° - \dfrac{\varphi}{2}$ 可得。

61. 答案（C）。

答题解析：由规范规定破坏面与大主应力作用方向间夹角 $\alpha_f = 45° - \dfrac{\varphi}{2}$ 可得。

62. 答案（B）。

答题解析：由 $\sigma_{3f} = \sigma_1 \tan^2\left(45° - \dfrac{\varphi}{2}\right) - 2c\tan\left(45° - \dfrac{\varphi}{2}\right)$ 计算可得。

63. 答案（A）。

答题解析：由 $\sigma_{3f} = \sigma_1 \tan^2\left(45° - \dfrac{\varphi}{2}\right) - 2c\tan\left(45° - \dfrac{\varphi}{2}\right) = 68.6$（kPa）$< \sigma_3$ 故该点处于稳定状态。

64. 答案（C）。

答题解析：$\sigma_{3f} = \sigma_1 \tan^2\left(45° - \dfrac{\varphi}{2}\right) - 2c\tan\left(45° - \dfrac{\varphi}{2}\right) > \sigma_3$ 故该点处于破坏状态。

65. 答案（C）。

答题解析：$\sigma_{3f} = \sigma_1 \tan^2\left(45° - \dfrac{\varphi}{2}\right) - 2c\tan\left(45° - \dfrac{\varphi}{2}\right) > \sigma_3$ 可知。

66. 答案（A）。

答题解析：$\sigma_{3f} = \sigma_1 \tan^2\left(45° - \dfrac{\varphi}{2}\right) - 2c\tan\left(45° - \dfrac{\varphi}{2}\right) = \sigma_3$ 故该点处于稳定状态。

67. 答案（A）。

答题解析：根据《公路土工试验规程》（JTG 3430—2020）规定有 $\tau_f = c_u = \dfrac{q_u}{2} = 15$。

68. 答案（A）。

答题解析：由规范规定破坏面与大主应力作用面夹角 $\alpha_f = 45° + \dfrac{\varphi}{2}$ 可得。

69. 答案（A）。

答题解析：根据《公路土工试验规程》（JTG 3430—2020）规定且有土的抗剪强度库仑定律 $\tau_f = c + \sigma\tan\varphi$ 可知。

70. 答案（D）。

答题解析：根据《公路土工试验规程》（JTG 3430—2020）规定直接剪切试验简单快捷不需考虑排水条件，破坏面不一定是最薄弱面。

71. 答案（D）。

答题解析：当分析饱和软黏土中快速加荷问题时，为获得其抗剪强度指标，实验过程中不允许排水，故选不固结不排水。

72. 答案（C）。

答题解析：正常固结土层固结稳定，快速增载在剪切过程中没有体积变化，故实验过程中选用固结不排水。

73. 答案（A）。

答题解析：根据《公路土工试验规程》（JTG 3430—2020）规定。

74. 答案（C）。

答题解析：根据《公路土工试验规程》（JTG 3430—2020）规定。

75. 答案（D）。

答题解析：根据《公路土工试验规程》（JTG 3430—2020）规定。

76. 答案（A）。

答题解析：根据《公路土工试验规程》（JTG 3430—2020）规定。

77. 答案（B）。

答题解析：击实试验曲线上最高点对应最佳密实状态，此点横坐标的数为最优含水率。

78. 答案（C）。

答题解析：根据压实度公式 $\lambda = \dfrac{\rho_d}{\rho_{d\max}}$ 计算可得。

79. 答案（A）。

答题解析：根据《公路土工试验规程》（JTG 3430—2020）规定常水头试验取风干土样分层每层 2~3cm 装入圆筒并用木锤轻轻击实到一定厚度，以控制其孔隙比。

80. 答案（B）。

答题解析：根据《公路土工试验规程》（JTG 3430—2020）规定常水头试验取风干土样分层装入圆筒并用木锤轻轻击实到一定厚度，以控制其孔隙比。

81. 答案（D）。

答题解析：根据《公路土工试验规程》（JTG 3430—2020）规定。变水头渗透试验时除测记起始水头外，经过时间 t 后，还需要测记终了水头，得出水头差。

82. 答案（A）。

答题解析：根据《公路土工试验规程》（JTG 3430—2020）规定。

83. 答案（B）。

答题解析：根据《公路土工试验规程》（JTG 3430—2020）规定。

84. 答案（D）。

答题解析：根据《公路土工试验规程》（JTG 3430—2020）土样要求与管理规定，土样拆封时需记录土样数量、土样编号、土量是否满足试验项目和试验方法。

85. 答案（D）。

答题解析：根据《公路土工试验规程》（JTG 3430—2020）规定。

86. 答案（C）。

答题解析：根据《公路土工试验规程》（JTG 3430—2020）规定。

87. 答案（A）。

答题解析：根据《公路土工试验规程》（JTG 3430—2020）规定。

88. 答案（C）。

答题解析：根据《公路土工试验规程》（JTG 3430—2020）规定。

（三）多项选择题

1. 答案（ACD）。

答题解析：根据《公路土工试验规程》（JTG 3430—2020）规定可知变水头渗透试验适用于细粒土、黏质土和粉质土的渗透系数。

2. 答案（AD）。

答题解析：根据《公路土工试验规程》（JTG 3430—2020）规定可知。

3. 答案（BD）。

答题解析：根据《公路土工试验规程》（JTG 3430—2020）规定可知常水头渗透试验适合于测定粗粒土、砂质土的渗透系数。

4. 答案（ABC）。

答题解析：根据达西定律可知，假定渗流模型中，通过任意断面的流量与真实水流过同一断面的流量相等，在某一断面上的水头应等于真实水流的水头，土体所受到的阻力应等于真实水流所受到的阻力。渗透速度为土样全截面的平均流速，并非实际流速。

5. 答案（ABC）。

答题解析：根据《公路土工试验规程》（JTG 3430—2020）可知测定土的渗透系数的方法有室内测定法常水头渗透试验和变水头渗透试验以及现场抽水试验方法。

6. 答案（ABCD）。

答题解析：渗透性反映了水在土中流动的难易程度，影响其大小的因素有土的粒度成分及矿物成分、土的结构构造、水的温度及土中封闭气体的含量。

7. 答案（ABCD）。

答题解析：渗透性反映了水在土中流动的难易程度，影响其大小的因素有土的粒度成分及矿物成分、土的结构构造、水的温度及土中封闭气体的含量。故砂土中含有较多的粉土或黏土颗粒时，其渗透系数就会降低，土层在不同方向上的渗透性差别很大，水在土中渗流的速度与水的温度有关，土中封闭气体含量越多，渗透系数越小。

8. 答案（AB）。

答题解析：接触冲刷和接触流失是渗透破坏，多出现在多层土层中，渗流垂直于土层面时，渗透系数小的土层中细颗粒被带到渗透系数大的土层中。

9. 答案（ABC）。

答题解析：渗透变形破坏是当渗透水力坡降达到一定值后土体中细颗粒被冲走或局部土体同时浮起而流失，到指土体变形或破坏的现象，与土的类别、颗粒组成、密度、水流条件以及防渗、排渗有关；流土和管涌是常见的两种渗透破坏形式，流土常发生在渗流逸出处。管涌可以发生在土体的所有部位。

10. 答案（ABCD）。

答题解析：根据渗透变形发生的位置确定。

11. 答案（AB）。

答题解析：根据公式 $i_{cr} = \dfrac{\gamma'}{\gamma_w}$ 和 $[i] = \dfrac{i_{cr}}{K}$ 计算可得。

12. 答案（BC）。

答题解析：根据公式 $i_{cr} = \dfrac{G_s - 1}{1+e}$、$n = \dfrac{e}{1+e}$ 及 $K = \dfrac{i_{cr}}{i}$ 计算可得。

13. 答案（AC）。

答题解析：根据公式 $i = \dfrac{\Delta h}{L}$ 和 $v = ki$ 计算可得。

14. 答案（BD）。

答题解析：根据公式 $i = \dfrac{\Delta h}{L}$ 和 $Q = kiA$，计算可得 A 为单位面积。

15. 答案（AD）。

答题解析：由 $k = \dfrac{QL}{hAt}$ 及 $v = ki$ 计算可得。

16. 答案（ABD）。

答题解析：土的压缩性是指在压力作用下土中孔隙体积减小土体变得密实的特性，主要是由于孔隙里水和空气被排出，颗粒和水自身被压缩量很小，几乎可忽略；随着时间的变化总压缩量会增大；单位时间内压缩量会减小。

17. 答案（ACD）。

答题解析：根据《建筑地基基础设计规范》（GB 50007—2011）规定可知土的压缩性指标包括压缩系数、压缩指数和压缩模量。

18. 答案（ACD）。

答题解析：土的压缩系数 $a = \dfrac{\Delta e}{\Delta p}$，$e-p$ 曲线越平缓反应土的压缩性越低，在不同压力下不是常量，一般采用压缩系数 a_{1-2} 来判别土的压缩性，单位为 MPa^{-1}。

19. 答案（ABC）。

答题解析：土的压缩指数 $C_c = \dfrac{e_1 - e_2}{\lg p_2 - \lg p_1}$，表示 $e-\lg p$ 曲线上直线段的斜率作为衡量土的压缩性高低的指标，无量纲，C_c 越大，压缩性越高。

20. 答案（BCD）。

答题解析：根据《公路土工试验规程》（JTG 3430—2020）规定可知无侧限抗压强度试验是三轴试验的特殊情况，又称单剪试验，侧向压力为零，可用来测定饱和软黏土的不排水抗剪强度 $\tau_f = C_u = \dfrac{q_u}{2}$，且可得灵敏度 $S_t = \dfrac{q_u}{q_u'}$。

21. 答案（AC）。

答题解析：根据公式 $e_i = e_0 - \dfrac{1+e_0}{h_0} \sum \Delta h_i$ 计算可得。

22. 答案（ABC）。

答题解析：根据《建筑地基基础设计规范》（GB 50007—2011）规定可知超固结比的大小可将土分为正常固结土、超固结土、欠固结土。

23. 答案（ACD）。

答题解析：先期固结压力是指土在历史上曾经受过的最大有效固结压力，超固结土的先期固结压力大于目前现有固结压力，欠固结土的先期固结压力小于目前现有固结压力，先期固结压力可通过卡萨格兰德经验作图法得到。

24. 答案（AC）。

答题解析：根据公式 $a = \dfrac{\Delta e}{\Delta p}$、$E_s = \dfrac{1 + e_1}{a}$ 计算可得。

25. 答案（AC）。

答题解析：根据公式 $\tau_f = CR$ 可得。C 为率定系数，R 为百分表读数。

26. 答案（AC）。

答题解析：根据公式 $\sigma_{3f} = \sigma_1 \tan^2\left(45° - \dfrac{\varphi}{2}\right)$，$\alpha_f = 45° + \dfrac{\varphi}{2}$ 计算可得。

27. 答案（AD）。

答题解析：根据公式 $\sigma_{1f} = \sigma_3 \tan^2\left(45° + \dfrac{\varphi}{2}\right) + 2c \tan\left(45° + \dfrac{\varphi}{2}\right)$，$\alpha_f = 45° - \dfrac{\varphi}{2}$ 计算可得。

28. 答案（AB）。

答题解析：根据《公路土工试验规程》（JTG 3430—2020）规定可知击实试验曲线上最高点对应的指标为最大干密度和最优含水率，表示土的最佳击实状态。

29. 答案（ABCD）。

答题解析：影响土的击实效果的因素有击实功、土的类别、土的颗粒级配和含水率。

30. 答案（CD）。

答题解析：根据公式 $\rho_d = \dfrac{\rho}{1 + \omega}$ 及压实度 $\lambda = \dfrac{\rho_d}{\rho_{\max}}$ 计算可得。

31. 答案（AD）。

答题解析：根据公式 $\lambda = \dfrac{\rho_d}{\rho_{\max}}$ 计算可得。

32. 答案（ABCD）。

答题解析：击实试验成果绘制压缩曲线上的最高点代表土的最佳击实状态时的干密度 $\rho_{d\max}$ 和含水率 ω_{op}，用来作为工程填土含水率的控制参考标准，并用来计算土的压实度指标 $\lambda = \dfrac{\rho_d}{\rho_{\max}}$。

33. 答案（ACD）。

答题解析：土的压实效果与土的含水率、土粒级配和击实功有关，级配良好的土最大干密度较大，当填土含水率控制在最优含水率 2% 左右能达到最好的击实效果，击实曲线在峰值以右逐渐接近于饱和曲线，大体上与其平行，但永不相交。

34. 答案（BC）。

答题解析：黏性土的抗剪强度来源于内摩擦力和黏聚力，与土的性质有关，通过试验测得。土的原始密度越大，内摩擦角和黏聚力越大，且土的孔隙小，则黏聚力大。

35. 答案（ABCD）。

答题解析：根据《公路土工试验规程》（JTG 3430—2020）规定直接剪切试验时用环刀切取 4 个原状土样进行试验，土样施加垂直荷载分别为 100kPa、200kPa、300kPa、400kPa，直接快剪剪切的时间为 3～5min，在进行剪切前剪力盒、量力环必须充分接触。

36. 答案（ACD）。

答题解析：十字板剪切试验常用于原位测定饱和软黏土的不排水抗剪强度和灵敏度 S_t $= \dfrac{C_u}{C'_u}$。

37. 答案（ABCD）。

答题解析：产生渗透变形的原因是水力坡降 $i = \dfrac{\Delta h}{L}$ 过大及土的抗渗能力有关，故防止渗透变形的措施可以有延长渗径、减小下游逸出处水力坡降、降低渗透力和增强渗流逸出处土体抗渗能力。

38. 答案（BD）。

答题解析：根据《公路土工试验规程》（JTG 3430—2020）规定土的抗剪强度曲线是抗剪强度和垂直压力的关系线。

39. 答案（AC）。

答题解析：根据《公路土工试验规程》（JTG 3430—2020）规定轻型击实试验适用于粒径小于 5mm 的土，重型击实试验适用于粒径小于 20mm 的土。

40. 答案（AD）。

答题解析：根据《公路土工试验规程》（JTG 3430—2020）规定重型击实试验制备土样 5 份，含水率依次相差为 2％。

41. 答案（BC）。

答题解析：根据《公路土工试验规程》（JTG 3430—2020）规定轻型击实试验每层击数为 25 击和重型击实试验每层击数 56 击。

42. 答案（AB）。

答题解析：根据《公路土工试验规程》（JTG 3430—2020）规定，轻型和重型击实试验锤的质量分别为 2.5kg 和 4.5kg。

43. 答案（AB）。

答题解析：根据土的变形量乘以校正系数可得。

44. 答案（AB）。

答题解析：根据公式 $\tau = CR$ 读数乘以测力计系数可得。

45. 答案（AD）。

答题解析：根据库仑定律 $\tau_f = c + \sigma\tan\varphi$ 计算可得。

第六部分　土工试验的土样状态、误差及实验室数据修约

知识点：

本部分要求掌握土样的状态分类和土工试验指标误差及土工实验室数据的修约方法。

（一）判断题

1. 答案（×）。

答题解析：根据《土的工程分类标准》（GB/T 50145—2007）可知，对采取土样质量等级进行分类，Ⅰ级土样为完全不扰动土样，即原状土样，试验内容包括土样定名、含水率、密度、压缩变形、抗剪强度。

2. 答案（×）。

答题解析：根据《土的工程分类标准》（GB/T 50145—2007）可知，对采取土样质量等级进行分类，Ⅱ级土样为轻微扰动土样，试验内容包括土样定名、含水率、密度。

3. 答案（√）。

答题解析：根据《土的工程分类标准》（GB/T 50145—2007）可知，对采取土样质量等级进行分类，Ⅲ级土样为显著扰动土样，试验内容包括土样命名、含水率。

4. 答案（√）。

答题解析：根据《土的工程分类标准》（GB/T 50145—2007）可知，对采取土样质量等级进行分类，Ⅳ级土样为完全扰动土样，试验内容只有土样命名。

5. 答案（√）。

答题解析：根据《土的工程分类标准》（GB/T 50145—2007）可知，对采取土样质量等级进行分类，Ⅱ级土样为轻微扰动土样，Ⅱ级土样可以进行土类定名、含水率、密度测定。

6. 答案（×）。

答题解析：根据《土的工程分类标准》（GB/T 50145—2007）可知，对采取土样质量等级进行分类，Ⅳ级土样为完全扰动土样，试验内容只有土样命名。

7. 答案（√）。

答题解析：根据《公路土工试验规程》（JTG 3430—2020）规定颗粒大小分析试验的筛分法试验筛前和筛后称量差值要求不大于1％。

8. 答案（×）。

答题解析：根据《公路土工试验规程》（JTG 3430—2020）规定土样拆封时需要记录土的工程名称、土样编号、用途、制备日期和试验人员等。

9. 答案（×）。

答题解析：根据《公路土工试验规程》（JTG 3430—2020）规定密度试验需要2次平行测定，平行的差值不得大于 $0.03\mathrm{g/cm^3}$。

10. 答案（√）。

答题解析：根据实验室数据数值修约规则，有效位数是从非零数字最左一位向右数到的位数即到 6；再根据进舍规则，拟舍弃数字的最左一位数字大于 5，且其后跟有数字并非全部为零，则进一，即保留末尾数字加一。

11. 答案（×）。

答题解析：根据实验室数据数值修约规则，拟舍弃数字的最左一位数字大于 5，且其后跟有数字并非全部为零，则进一，即保留末尾数字加一。

12. 答案（×）。

答题解析：根据实验室数据数值修约规则，拟舍弃数字的最左一位数字小于 5，则舍去，即保留的各位数字不变。

13. 答案（×）。

答题解析：根据实验室数据数值修约规则，实验室数据修约时拟舍去的数字最左一位为 5，而其后无数字或全部为零，若保留的末尾位数字为奇数则进一，为偶数则舍弃。

（二）单项选择题

1. 答案（A）。

答题解析：根据《土的工程分类标准》（GB/T 50145—2007）土样要求规定，Ⅲ类土属于显著扰动土，实验项目有土类定名和含水率。

2. 答案（A）。

答题解析：根据《土的工程分类标准》（GB/T 50145—2007）击实试验制备试样规定。

3. 答案（D）。

答题解析：根据《土的工程分类标准》（GB/T 50145—2007）规定。

4. 答案（B）。

答题解析：根据《土的工程分类标准》（GB/T 50145—2007）规定。

5. 答案（B）。

答题解析：$\sigma_{3f} = \sigma_1 \tan^2\left(45° - \dfrac{\varphi}{2}\right) - 2c\tan\left(45° - \dfrac{\varphi}{2}\right) = \sigma_3$ 计算可得。

6. 答案（C）。

答题解析：根据《土的工程分类标准》（GB/T 50145—2007）土样要求规定，Ⅳ类土属于完全扰动土，实验项目有土类定名。

7. 答案（B）。

答题解析：直接剪切试验不便于控制排水条件，不属于直接剪切试验方法是固结不排水剪。

8. 答案（D）。

答题解析：根据《土的工程分类标准》（GB/T 50145—2007）规定，在固结试验 e—$\lg p$ 曲线上对应 E 点的压力值为土的先期固结压力。

9. 答案（A）。

答题解析：由 $\tau_f = c_u = \dfrac{q_u}{2}$ 计算可得。

10. 答案（B）。

答题解析：由 $S_t = \dfrac{q_u}{q'_u}$ 计算可得。

11. 答案（C）。

答题解析：$\sigma_{3f} = \sigma_1 \tan^2\left(45° - \dfrac{\varphi}{2}\right) - 2c\tan\left(45° - \dfrac{\varphi}{2}\right) = \sigma_3$ 计算可得。

12. 答案（D）。

答题解析：Ⅰ级土样是原状土样，可以测定的试验项目有土样命名、含水率、密度、压缩变形、抗剪强度。

（三）多项选择题

1. 答案（AB）。

答题解析：根据《土的工程分类标准》（GB/T 50145—2007）规定可知Ⅲ级土样是显著扰动土样，可以进行土样命名，并可测定含水率。

2. 答案（ABCD）。

答题解析：根据《土的工程分类标准》（GB/T 50145—2007）规定Ⅰ级土样是原状土样，可以进行土样命名、测定含水率、密度，压缩变形和抗剪强度。

3. 答案（ABC）。

答题解析：根据《土的工程分类标准》（GB/T 50145—2007）规定Ⅱ级土样是轻微扰动土样，可以土样命名，测定含水率和密度。

4. 答案（ABCD）。

答题解析：根据《土的工程分类标准》（GB/T 50145—2007）规定土样拆封时需记录土的项目土样编号、取样深度、土样名称、土样扰动情况、试验项目的要求及提出成果的日期。

5. 答案（BCD）。

答题解析：根据《公路土工试验规程》（JTG 3430—2020）规定土样的含水率试验时 2 次平行测定，含水率小于 10％时允许平行差值 0.5％，含水率大于 40％时允许平行差值 2％，含水率 10％～40％时允许平行差值 1％。

6. 答案（ACD）。

答题解析：根据《土的工程分类标准》（GB/T 50145—2007）规定可知Ⅳ级土样为完全扰动土，只能进行土样命名，不能测定含水率、抗剪强度和压缩系数。

7. 答案（ABD）。

答题解析：后面有数字时则进 1，即保留的末位数字加 1。

8. 答案（ABD）。

答题解析：根据实验室数据修约规则，实验室数据修约时拟舍去的数字最左一位为 5，而后面又并非全为零数字时则进 1，即保留的末位数字加 1。

9. 答案（BC）。

答题解析：根据实验室数据修约规则，实验室数据修约时拟舍去的数字最左一位为 5，而后面皆为零时若保留的末尾位数字为奇数则进 1，为偶数则舍弃。

10. 答案（BCD）。

答题解析：根据实验室数据修约规则，实验室数据修约时拟舍去的数字最左一位为 5，而后面无数字时若保留的末尾位数字为奇数则进 1，为偶数则舍弃。

第三篇 土工检测实操题库

项目一 密度试验（环刀法）

1. 任务的目的

（1）了解密度实验的常用方法，了解环刀法的原理。

（2）测定计算土的湿密度，以了解土的疏密和干湿状态，供换算土的其他物理性质指标和工程设计以及控制施工质量之用。

（3）完成实验报告。

2. 仪器设备

3. 操作步骤

4. 试验注意事项

5. 表格的填写与计算

（1）计算公式。

（2）密度试验记录表（环刀法）（表 3-1-1）。

表 3-1-1　　　　　　　　　　密度试验记录表（环刀法）

试验者_____　　校核者_____　　试验日期___年___月___日

土样编号	环刀号	环刀质量	环刀体积	环刀加土质量	湿土质量	密度/(g/cm³)	
		m_1/g	V/cm³	m_2/g	m/g	单值	平均值
11	1	34.65	64.4	142.95			
	2	34.68	64.4	141.75			

6. 控制标准与评价

（1）实践技能考核评分细则如下：密度试验（100分）。

1）量测环刀（20分）。

2）切取土样（30分）。

3）土样称量（20分）。

4）结果计算（30分）。

（2）学生针对要求对自己试验做出正确的自我评价。写出改进的措施：_____

_____。

（3）指导教师要对每位学生的试验过程进行及时评价。

评价内容＼评价标准	很 好	好	一 般
知识技能	教师签名：	教师签名：	教师签名：
试验态度	教师签名：	教师签名：	教师签名：

项目二　含水率试验（烘干法）

1. 任务的目的

（1）测定土的含水率，以了解土的含水情况，是计算土的孔隙比、液性指数、饱和度和其他物理力学性质不可缺少的一个基本指标。

（2）完成实验报告。

2. 仪器设备

3. 操作步骤

4. 试验注意事项

5. 表格的填写与计算

（1）计算公式。

（2）含水率试验记录表（表 3 - 2 - 1）。

表 3 - 2 - 1　　　　　　　含水率试验记录表（烘干法）

试验者_____　　校核者_____　　试验日期___年___月___日

土样编号	盒号	盒质量	盒加湿土质量	盒加干土质量	水质量 m_w	干土质量 m_s	含水率/%	
		m_0/g	m_1/g	m_2/g	(m_1-m_2)/g	(m_2-m_0)/g	单值	平均值
12	1	23.58	43.32	38.63				
	2	23.56	43.13	38.45				

6. 控制标准与评价

（1）实践技能考核评分细则如下：含水率试验（100 分）。

1）称量盒记录（20 分）。

2）湿土称量（20 分）。

3）湿土烘干（20 分）。

4）冷却称量（10 分）。

5）结果计算（30 分）。

（2）学生针对要求对自己试验做出正确的自我评价。写出改进的措施：_____
_____。

（3）指导教师要对每位学生的试验过程进行及时评价。

评价内容 ＼ 评价标准	很　好	好	一　般
知识技能	教师签名：	教师签名：	教师签名：
试验态度	教师签名：	教师签名：	教师签名：

项目三 颗粒分析试验（筛析法）

1. 任务的目的

（1）测定干土各粒组占该土总质量的百分数，以便了解土粒的组成情况。供砂类土的分类、判断土的工程性质及建材选料之用。

（2）完成实验报告。

2. 仪器设备

3. 操作步骤

4. 试验注意事项

5. 表格的填写与计算

（1）计算公式。

（2）颗粒分析试验记录表（筛析法）（表 3 - 3 - 1）。

表 3 - 3 - 1　　　　　　　　　颗粒分析试验记录表（筛析法）

试验者＿＿＿＿＿＿＿　　　校核者＿＿＿＿＿＿＿　　　试验日期＿＿＿年＿＿＿月＿＿＿日

土样编号＿＿＿＿＿＿＿　　　干土质量 $m_B = 500g$　　　土样说明＿＿＿＿＿＿＿＿＿＿＿＿

孔径 /mm	留筛土质量 /g	累积留筛土质量 /g	小于该孔径的 土质量 /g	小于该孔径的 土质量百分数 /%
20	0.0	0.0		
10	17.0	17.0		
5	45.0	62.0		
2	65.5	127.5		
1	85.0	212.5		
0.5	100.5	313.0		
0.25	122.0	435.0		
0.075	60.0	495.0		
底盘总计	5.0	500.0		

6. 控制标准与评价

（1）实践技能考核评分细则如下：颗粒分析试验（100 分）。

1）备土、取土（10 分）。

2）摇筛（15 分）。

3）称量（20 分）。

4）结果计算（55 分）。

146

（2）学生针对要求对自己试验做出正确的自我评价。写出改进的措施：＿＿＿＿＿＿

＿＿＿＿＿＿＿＿＿＿＿＿＿＿＿＿＿＿＿＿＿＿＿＿＿＿＿＿＿＿＿＿＿＿＿＿＿＿＿。

（3）指导教师要对每位学生的试验过程进行及时评价。

评价标准＼评价内容	很　好	好	一　般
知识技能	教师签名：	教师签名：	教师签名：
试验态度	教师签名：	教师签名：	教师签名：

项目四　界限含水率试验

1. 任务的目的

（1）测定黏性土的液限 ω_L 和塑限 ω_P，并由此计算塑性指数 I_P、液性指数 I_L，进行黏性土的定名及判别黏性土的软硬程度。

（2）完成实验报告。

2. 仪器设备

3. 操作步骤

4. 试验注意事项

5. 表格的填写与计算

（1）计算公式。

（2）液限、塑限联合试验记录表（表 3-4-1）。

表 3-4-1　　　　　　　　液限、塑限联合试验记录表

工程名称 _____　　　　　试验者 _____　　　　　试样编号 _____
计算者 _____　　　　　试验日期 _____　　　　　校核者 _____

试样编号	圆锥下沉深度/mm	盒号	盒质量 m_0/g	盒加湿土质量 m_1/g	盒加干土质量 m_2/g	水质量 m_w/g	干土质量 m_s/g	含水率 ω/%	液限 ω_L/%	塑限 ω_P/%
1	4.5	22	23.55	43.17	39.05					
2	9.8	25	23.57	46.52	40.77					
3	16.5	28	23.59	50.34	42.39					

6. 控制标准与评价

（1）实践技能考核评分细则如下：界限含水率试验（100 分）。

1）土样制备（10 分）。

2）装土入杯（15 分）。

3）接通电源（9 分）。

4）测读下沉深度（12 分）。

5）测含水率（30 分）。

6）结果计算（24 分）。

（2）学生针对要求对自己试验做出正确的自我评价。写出改进的措施：_____

_____。

（3）指导教师要对每位学生的试验过程进行及时评价。

评价内容 ＼ 评价标准	很　好	好	一　般
知识技能	教师签名：	教师签名：	教师签名：
试验态度	教师签名：	教师签名：	教师签名：

项目五 击 实 试 验

1. 任务的目的

(1) 在击实方法下测定土的最大干密度和最优含水率，是控制路堤、土坝和填土地基等密实度的重要指标。

(2) 完成实验报告。

2. 仪器设备

3. 操作步骤

4. 试验注意事项

5. 表格的填写与计算

(1) 按下式计算干密度。

(2) 击实试验记录表（表 3-5-1）。

表 3-5-1 　　　　　　击 实 试 验 记 录 表

土样编号 _____　　　土粒比重 __2.72__　　　试验者 _____

土样类别 __CI__　　　每层击数 __25__　　　校核者 _____

击实筒内容积 V＝947.4cm³　　　试验仪器 轻型击实仪　　　试验日期 _____

试验序号	干 密 度					含 水 率						
	筒加土质量/g	筒质量/g	湿土质量/g	密度/(g/cm³)	干密度/(g/cm³)	盒号	盒加湿土质量/g	盒加干土质量/g	盒质量/g	水的质量/g	干土质量/g	含水率/%	平均含水率/%
	(1)	(2)	(3)	(4)	(5)		(6)	(7)	(8)	(9)	(10)	(11)	(12)
			(1)－(2)	$\dfrac{(3)}{V}$	$\dfrac{(4)}{1+0.01\omega}$					(6)－(7)	(7)－(8)	$\dfrac{(9)}{(10)}\times100$	
1	2510	780				731	31.26	28.46	14				
						742	30.72	28.03	14				
2	2570	780				734	26.59	24.38	14				
						739	30.32	27.46	14				
3	2620	780				751	26.80	24.32	14				
						788	28.92	26.07	14				
4	2630	780				767	28.29	25.35	14				
						724	29.65	26.44	14				
5	2610	780				812	29.33	26.02	14				
						814	34.26	29.88	14				

6. 控制标准与评价

(1) 实践技能考核评分细则如下：轻型击实试验（100 分）。

1) 制备土样（10 分）。

2) 加水拌和（15 分）。

3）分层击实（15分）。

4）称筒与试样的总质量（10分）。

5）测含水率（30分）。

6）结果计算（20分）。

（2）学生针对要求对自己试验做出正确的自我评价。写出改进的措施：_____

_____。

（3）指导教师要对每位学生的试验过程进行及时评价。

评价内容 ＼ 评价标准	很　好	好	一　般
知识技能	教师签名：	教师签名：	教师签名：
试验态度	教师签名：	教师签名：	教师签名：

项目六　固结试验（快速法）

1. 任务的目的

（1）了解固结实验的快速法，了解固结试验快速法的原理。

（2）测定试样在侧限与轴向排水条件下的压缩变形 Δh 和荷载 P 的关系，以便计算土的单位沉降量 ΔS、压缩系数 a_{1-2} 和压缩模量 E_s 等，判别土的压缩性，为工程地基处理提供参考资料。

（3）完成试验报告。

2. 仪器设备

3. 操作步骤

4. 试验注意事项

5. 表格的填写与计算

（1）计算公式。

（2）固结试验记录表（快速法）（表 3-6-1）。

表 3-6-1　　　　　　　　　　固结试验记录表（快速法）

读数时间 /（h：min：s）	加荷持续时间 /min	压力 /kPa	量表读数 /0.01mm	仪器变形量 /mm	校正前土样变形量 $(h_i)t$ /mm	校正后土样变形量 $\sum \Delta h_i$ /mm	压缩后孔隙比 e_i
14：25：25	15	50		0.03			
14：40：25	15	100		0.05			
14：55：25	15	200		0.08			
15：10：25	15	400		0.11			
15：30：25	20	400		0.11			

压缩系数 $a_{1-2}=$＿＿＿（MPa^{-1}），压缩模量 $E_{s(1-2)}=$＿＿＿（MPa），属＿＿＿压缩性土，

量表小针读数：＿8.6＿mm，$\omega=21.3\%$，$\rho=1.87\text{g/cm}^3$，$G_S=2.72$，$h_0=20\text{mm}$，

开始加荷时间（h：min：s）＿14：10：25＿

6. 控制标准与评价

（1）实践技能考核评分细则如下：固结试验（100 分）。

1）切取土样（20 分）。

2）安装土样、调整固结仪（20 分）。

3）安装百分表（10 分）。

4）施加垂直压力（30 分）。

5）结果计算（20 分）。

（2）学生针对要求对自己实训做出正确的自我评价。写出改进的措施：_____

_____。

（3）指导教师要对每位学生的实训过程进行及时评价。

评价标准 评价内容	很　好	好	一　般
知识技能	教师签名：	教师签名：	教师签名：
试验态度	教师签名：	教师签名：	教师签名：

项目七　直接剪切试验（快剪法）

1. 任务的目的

（1）了解直接剪切试验的常用方法，了解黏性土快速剪切试验的适用条件和原理。

（2）通过采用四个试样分别在不同的垂直压力 σ 下，施加水平剪应力进行剪切，求得破坏时的剪应力 τ，绘制 $\sigma-\tau$ 关系图线，根据库仑定律确定土的抗剪强度参数内摩擦角 φ 和黏聚力 c。

（3）完成实验报告。

2. 仪器设备

3. 操作步骤

4. 试验注意事项

5. 表格的填写与计算

（1）按下式计算各级垂直压力下所测的抗剪强度。

（2）直接剪切试验记录表（表 3-7-1）。

表 3-7-1　　　　　　　　　　直接剪切试验记录表

土样编号　　35　　　　　　仪器编号　　16 号　　　　　　试验者　　　　　　
土样说明　黏土夹砂　　　　测力计率定系数　2.26kPa/0.01mm　　校核者　　　　　　
试验方法　快剪　　　　　　手轮转数　6rad/min　　　　　　试验日期　　　　　　

仪 器 编 号	垂直压力 σ/kPa	测力计读数 $R/0.01mm$	抗剪强度 τ_f/kPa
16	100	32.5	
	200	58.2	
	300	80.5	
	400	112.2	

（3）绘制 $\sigma-\tau$ 曲线。

6. 控制标准与评价

（1）实践技能考核评分细则如下：快速直剪试验（100 分）。

1）试样制备：环刀切取 4 个原状土样（20 分）。

2）试样安装（20 分）。

3）安装百分表（10 分）。

4）施加压力、剪切（30 分）。

5）结果计算：要求计算各土样剪切破坏时的应力，绘制关系曲线，计算（20 分）。

（2）学生针对要求对自己实训做出正确的自我评价。写出改进的措施：＿＿＿＿＿＿

＿＿＿。

（3）指导教师要对每位学生的实训过程进行及时评价。

评价标准 评价内容	很　好	好	一　般
知识技能	教师签名：	教师签名：	教师签名：
试验态度	教师签名：	教师签名：	教师签名：

项目八　变水头渗透试验

1. 任务的目的

(1) 了解渗透试验的常用方法，了解变水头渗透试验的原理和适用条件。

(2) 测定细粒土（黏质土和粉质土）的渗透系数 k，以了解土层渗透性的强弱，作为选择坝体填土料的依据。

(3) 完成实验报告。

2. 仪器设备

3. 操作步骤

4. 试验注意事项

5. 表格的填写与计算

(1) 按下式计算渗透系数。

(2) 变水头渗透试验记录表（南55型渗透仪）（表3-8-1）。

表3-8-1　　　　　　　变水头渗透试验记录表（南55型渗透仪）

土样编号 ____6____　　　试样高度 $L=4.0\text{cm}$　　　试验者 _____

仪器编号 ____2____　　　试样面积 $A=30.0\text{cm}^2$　　校核者 _____

测压管断面积 $a=0.683\text{cm}^2$　　孔隙比 $e=0.890$　　　试验日期 _____

开始时间 t_1	终了时间 t_2	经过时间 t	开始水头 h_1	终了水头 h_2	$2.3\dfrac{aL}{At}$	$\lg\dfrac{h_1}{h_2}$	水温 $T℃$ 时的渗透系数 k_T	水温	校正系数 η_T/η_{20}	渗透系数 k_{20}	平均渗透系数 $\overline{k_{20}}$
d：h：min	d：h：min	s	cm	cm	10^{-4}	10^{-2}	10^{-6}cm/s	℃		10^{-6}cm/s	10^{-6}cm/s
(1)	(2)	(3)	(4)	(5)	(6)	(7)	(8)	(9)	(10)	(11)	(12)
		(2)-(1)				$\lg\dfrac{(4)}{(5)}$	(6)×(7)			(8)×(10)	
8：8：30	8：9：00	1800	231.3	226.0				8.0			
8：9：00	8：9：30	1800	214.6	209.6				8.0			
8：9：30	8：10：30	3600	251.4	240.1				8.0			
8：10：30	8：11：30	3600	217.3	207.4				8.0			
8：11：30	8：13：00	5400	198.2	185.0				8.0			
8：13：00	8：14：30	5400	210.3	196.2				8.0			

6. 控制标准与评价

(1) 实践技能考核评分细则如下：变水头渗透试验（100分）。

1) 按试验要求取土、装土样准确（30分）。

2) 渗透容器与水头装置连通方法正确（30分）。

3）能熟练测记试验数据，应用公式计算渗透系数（40分）。

（2）学生针对要求对自己实训做出正确的自我评价。写出改进的措施：_____

_____。

（3）指导教师要对每位学生的实训过程进行及时评价。

评价内容 ＼ 评价标准	很　好	好	一　般
知识技能	教师签名：	教师签名：	教师签名：
试验态度	教师签名：	教师签名：	教师签名：

项目九 砂的相对密度试验

1. 任务的目的

(1) 了解砂的密实度指标有哪些，了解砂的相对密实度试验原理。

(2) 通过漏斗法和振动锤击法测定无黏性土的最小干密度和最大干密度，转换计算得到最大和最小孔隙比，用于计算相对密度，判断砂土的密实度。

(3) 完成实验报告。

2. 仪器设备

3. 操作步骤

4. 试验注意事项

5. 表格的填写与计算

(1) 计算公式。

(2) 相对密度试验记录表（表 3-9-1）。

表 3-9-1　　　　　　　　　　　相对密度试验记录表

工程名称＿＿＿＿＿　　　　　　土样说明＿＿砂＿＿　　　　　　试验者＿＿＿＿＿

土样编号＿＿40＿＿　　　　　　试验日期＿＿＿＿＿　　　　　　校核者＿＿＿＿＿

试验项目			最大孔隙比		最小孔隙比	
试验方法			漏斗法		振打法	
试样质量/g	(1)		1000	1000	1715	1710
试样体积/cm³	(2)		700	710	1000	1000
干密度/(g/cm³)	(3)	(1) ÷ (2)				
平均干密度/ (g/cm³)	(4)					
比重 G_s	(5)		2.65		2.65	
孔隙比 e	(6)					
天然孔隙比 e_0	(7)		0.689			
相对密度 D_r	(8)					

6. 控制标准与评价

(1) 实践技能考核评分细则如下：砂的相对密实度试验（100 分）。

1) 取土样，碾散、拌匀（20 分）。

2) 称取土样、装土样方法正确、准确（40 分）。

3) 熟练应用公式计算最大、最小干密度，最小、最大孔隙比，土的相对密实度（30 分）。

4) 准确判别土的密实度（10 分）。

(2) 学生针对要求对自己实训做出正确的自我评价。写出改进的措施：＿＿＿＿＿＿＿

＿＿＿＿＿＿＿＿＿＿＿＿＿＿＿＿＿＿＿＿＿＿＿＿＿＿＿＿＿＿＿＿＿＿＿＿＿＿。

（3）指导教师要对每位学生的实训过程进行及时评价。

评价内容 \ 评价标准	很 好	好	一 般
知识技能	教师签名：	教师签名：	教师签名：
试验态度	教师签名：	教师签名：	教师签名：

项目十 三轴压缩试验（固结不排水）

1. 任务的目的

（1）了解不同排水条件下的三轴试验原理和适用条件；了解固结不排水试验原理。

（2）采用 3～4 个圆柱试样进行剪切至破坏，根据摩尔-库伦理论，求得抗剪强度参数，为堤坝填方、路堑、岸坡，挡土墙等稳定验算和建筑物地基承载力确定提供依据。

（3）完成实验报告。

2. 仪器设备

3. 操作步骤

4. 试验注意事项

5. 表格的填写与计算

（1）计算公式。

（2）三轴压缩试验记录表（表 3 - 10 - 1）。

表 3 - 10 - 1 三轴压缩试验记录表

工程名称 _____ 土样高度 __8cm__ 试验者 _____
土样编号 __32 号__ 土样面积 __12cm²__ 计算者 _____
土样说明 __粉质黏土__ 剪切速率 __0.368mm/min__ 校核者 _____
试验方法 __固结不排水__ 测力计率定系数 __7.494N/0.01mm__ 试验日期 _____

周围压力 σ	固结下沉量 Δh_c	固结后面积 A_c	固结后试样高度 h_c	轴向变形读数 Δh	轴向应变 ε_1	试样校正后面积 A_a	测力计量表读数 R	主应力差 $\sigma_1-\sigma_3$	大主应力 σ_1	孔隙水压力 u	有效大主应力 σ'_1	有效小主应力 σ'_3	有效主应力比 σ'_1/σ'_3
kPa	cm	cm²	cm	cm	%	cm²	0.01mm	kPa	kPa	kPa	kPa	kPa	
100	0.10	11.72	7.9	0.3	3.80		19.8			28			
200	0.10	11.56	7.9	0.6	7.59		33.0			90			
300	0.11	11.48	7.89	0.7	8.87		43.2			173			
400	0.12	11.36	7.88	0.8	10.15		62.4			230			

（3）绘制应力圆及强度包线，确定 c、ϕ。

6. 控制标准与评价

（1）实践技能考核评分细则如下：三轴压缩试验（100 分）。

1）扰动土试样制备（击实法）（30 分）。

2）试样饱和（20 分）。

3）试样安装和固结加载至剪切破坏（30 分）。

4）能熟练读数绘制强度包线，确定 c、ϕ 指标（20 分）。

（2）学生针对要求对自己实训做出正确的自我评价。写出改进的措施：_____

_____。

（3）指导教师要对每位学生的实训过程进行及时评价。

评价标准 评价内容	很　好	好	一　般
知识技能	教师签名：	教师签名：	教师签名：
试验态度	教师签名：	教师签名：	教师签名：

项目十一 原位密度试验（灌砂法）

1. 任务的目的

(1) 测定现场土层密度，为计算干密度和压实度提供依据。

(2) 完成试验报告。

2. 仪器设备

3. 操作步骤

4. 试验注意事项

5. 表格的填写与计算

(1) 计算公式。

(2) 灌砂法试验记录表（表 3-11-1）

表 3-11-1　　　　　　　　　　　　灌砂法密度试验记录表

工程名称＿＿＿＿＿　　　　　砂的密度　1.28g/cm³　　　　试验者＿＿＿＿＿

土样编号＿＿＿＿＿　　　　　试验日期＿＿＿＿＿　　　　计算者＿＿＿＿＿

取样桩号	取样位置	试洞中湿土样质量 m_1 /g	灌满试洞后剩余砂质量 m_9 或 m_9' /g	试洞内砂质量 m_b /g	湿密度 ρ /(g/cm³)	含水率测定							干密度 ρ_d /(g/cm³)
						盒号	盒＋湿土质量 /g	盒＋干土质量 /g	盒质量 /g	干土质量 /g	水质量 /g	含水率 /%	

6. 控制标准与评价

(1) 实践技能考核评分细则如下：灌砂法密度试验（100分）。

1) 试验仪器标定（40分）。

2) 现场操作定位、试洞挖土（20分）。

3) 称量土样、烘干测含水率（20分）。

4) 记录数据，成果整理（20分）。

(2) 学生针对要求对自己试验做出正确的自我评价。写出改进的措施：＿＿＿＿＿＿

＿＿＿＿＿＿＿＿＿＿＿＿＿＿＿＿＿＿＿＿＿＿＿＿＿＿＿＿＿＿＿＿＿＿＿＿＿。

(3) 指导教师要对每位学生的试验过程进行及时评价。

评价标准　　　评价内容	很　好	好	一　般
知识技能	教师签名：	教师签名：	教师签名：
试验态度	教师签名：	教师签名：	教师签名：

项目十二 土粒比重试验 (比重瓶法)

1. 任务目的

(1) 测定土粒比重，为计算孔隙比和评价土类别提供依据。

(2) 完成试验报告。

2. 仪器设备

3. 操作步骤

4. 试验注意事项

5. 表格的填写与计算

(1) 计算公式。

(2) 土粒比重试验记录表 (表 3 - 12 - 1)。

表 3 - 12 - 1　　　　　土粒比重试验记录表 (比重瓶法)

工程名称＿＿＿＿＿　　　　土样编号＿＿＿＿＿　　　　试验方法＿＿＿＿＿

试验日期＿＿＿＿＿　　　　试验者＿＿＿＿＿　　　　计算者＿＿＿＿＿

试样编号	比重瓶号	温度/℃	液体比重	比重瓶质量/g	瓶、干土总质量 (g)	干土质量 (g)	瓶、液体总质量 (g)	瓶、液、土的总质量 (g)	与干土相同体积的液体质量 (g)	比重	平均比重值
		(1)	(2)	(3)	(4)	(5)	(6)	(7)	(8)	(9)	
						(4)-(3)			(5)+(6) -(7)	(2)× (5)/(8)	
	1										
	2										

6. 控制标准与评价

(1) 实践技能考核评分细则如下：土粒比重试验 (100 分)。

1) 烘干、称量比重瓶 (20 分)。

2) 制备小于 5mm 土样 (20 分)。

3) 烘干、称量土样 (20 分)。

4) 煮沸、冷却 (10 分)。

5) 记录数据，成果整理 (30 分)。

(2) 学生针对要求对自己试验做出正确的自我评价。写出改进的措施：＿＿＿＿＿

＿＿＿＿＿＿＿＿＿＿＿＿＿＿＿＿＿＿＿＿＿＿＿＿＿＿＿＿＿＿＿＿。

（3）指导教师要对每位学生的试验过程进行及时评价。

评价标准 评价内容	很　好	好	一　般
知识技能	教师签名：	教师签名：	教师签名：
试验态度	教师签名：	教师签名：	教师签名：

第四篇　土工检测实操题库解析

项目一　密度试验（环刀法）

1. 任务的目的

（1）了解密度实验的常用方法，了解环刀法的原理。

（2）测定计算土的湿密度，以了解土的疏密和干湿状态，供换算土的其他物理性质指标和工程设计以及控制施工质量之用。

2. 仪器设备

（1）环刀：内径 6~8cm，高 2~3cm。

（2）天平：称量 500g，分度值 0.01g。

（3）其他：切土刀、钢丝锯、凡士林等。

3. 操作步骤

（1）量测环刀：取出环刀，称出环刀的质量，并涂一薄层凡士林。

（2）切取土样：将环刀的刀口向下放在土样上，然后用切土刀将土样削成略大于环刀直径的土柱，将环刀垂直下压，边压边削使土样上端伸出环刀为止，然后将环刀两端的余土削平。

（3）土样称量：擦净环刀外壁，称出环刀和土的质量。

4. 试验注意事项

（1）称取环刀前，把土样削平并擦净环刀外壁。

（2）如果使用电子天平称重则必须预热，称重时精确至小数点后二位。

5. 表格的填写与计算

（1）计算公式

$$\rho = \frac{m}{V} = \frac{m_2 - m_1}{V}$$

式中　ρ——密度，计算至 0.01g/cm³；

　　m——湿土质量，g；

　　m_1——环刀加湿土质量，g；

　　m_2——环刀质量，g；

　　V——环刀体积，cm³。

（2）密度试验记录表（环刀法）（表 4-1-1）。

表 4-1-1　　　　　　　　　　　　密度试验记录表（环刀法）

试验者＿＿＿＿　　　　校核者＿＿＿＿　　　　试验日期＿＿年＿＿月＿＿日

土样编号	环刀号	环刀质量	环刀体积	环刀加土质量	湿土质量	密度/(g/cm³)	
		m_1/g	V/cm^3	m_2/g	m/g	单值	平均值
11	1	34.65	64.4	142.95	108.30	1.68	1.67
	2	34.68	64.4	141.75	107.02	1.66	

6. 控制标准与评价

每位同学通过训练要达到的要求：

（1）实践技能考核评分细则如下：密度试验（100分）。

1）量测环刀（20分）。选手从方盘中取出环刀，置于电子天平上称量质量，质量以 g 为单位，并记录环刀质量，将环刀内壁涂一薄层凡士林。量测环刀项目划分及分值分配见表4-1-2。

表 4-1-2　　　　　　　　　量测环刀项目划分及分值分配表

序　号	项　目　划　分		分值/分
1	电子天平预热		4
2	称量环刀质量	第一次	4
3	记录环刀质量		2
4	环刀内壁涂一薄层凡士林		2
5	称量环刀质量	第二次	4
6	记录环刀质量		2
7	环刀内壁涂一薄层凡士林		2
总分			20

2）切取土样（30分）。切取土样项目划分及分值分配见表4-1-3。

表 4-1-3　　　　　　　　　切取土样项目划分及分值分配表

序　号	项　目　划　分		分值/分
1	削土方法		6
2	环刀内土样状态（两面凹凸现象）		4
3	取样后环刀外壁状况	第一次	2
4	玻璃片		2
5	玻璃片拿下土的状态		1
6	削土方法		6
7	环刀内土样状态（两面凹凸现象）		4
8	取样后环刀外壁状况	第二次	2
9	玻璃片		2
10	玻璃片拿下土的状态		1
总分			30

3）土样称量（20分）。选手用环刀取土完成后，用抹布擦净环刀外壁，放置于天子天平上，称出环刀加土的质量，质量以 g 为单位。土样称量项目划分及分值分配见表4-1-4。

表4-1-4　　　　　　　　　　　　土样称量项目划分及分值分配表

序　号	项　目　划　分		分值/分
1	擦净环刀外壁	第一次	2
2	称量环刀加土的质量		6
3	记录环刀加土的质量		2
4	擦净环刀外壁	第二次	2
5	称量环刀加土的质量		6
6	记录环刀加土的质量		2
	总分		20

4）结果计算（30分）。选手根据给定的环刀体积，按照试验结果计算土的密度，要写出计算公式和计算步骤，有单位的要写上单位，质量以 g 为单位，体积以 cm^3 为单位，密度以 g/cm^3 为单位。

计算结果采用四舍五入的原则，密度准确至小数点后两位，计算结果小数点后保留位数不够的要补上 0，密度试验需进行两次平行测定，其平行差值不得大于 $0.03g/cm^3$，取其算术平均值。结果计算项目划分及分值分配见表4-1-5。

表4-1-5　　　　　　　　　　　　结果计算项目划分及分值分配表

序　号	项　目　划　分		分值/分
1	分次密度计算（含计算步骤）	第一次	7
		第二次	7
2	平行差值计算（含计算步骤）		10
3	土的密度计算（含计算步骤）		6
	总分		30

（2）学生针对要求对自己试验做出正确的自我评价。写出改进的措施：＿＿＿＿

＿＿＿＿＿＿＿＿＿＿＿＿＿＿＿＿＿＿＿＿＿＿＿＿＿＿＿＿＿＿＿＿＿＿＿＿＿＿＿。

（3）指导教师要对每位学生的试验过程进行及时评价。

评价标准／评价内容	很　好	好	一　般
知识技能	教师签名：	教师签名：	教师签名：
试验态度	教师签名：	教师签名：	教师签名：

项目二　含水率试验（烘干法）

1. 任务的目的

测定土的含水率，以了解土的含水情况，是计算土的孔隙比、液性指数、饱和度和其他物理力学性质不可缺少的一个基本指标。

2. 仪器设备

（1）烘箱：采用温度能保持在105～110℃的电热烘箱。

（2）天平：称量500g，分度值0.01g。

（3）其他：干燥器、称量盒等。

3. 操作步骤

（1）湿土称量：选取具有代表性的试样15～20g，放入盒内，立即盖好盒盖，称出盒与湿土的总质量。

（2）烘干冷却：打开盒盖，放入烘箱内，在温度105～110℃下烘干至恒重后，将试样取出，盖好盒盖放入干燥器内冷却，称出盒与干土质量。烘干时间随土质不同而定，对黏质土不少于8h；砂类土不少于6h。

4. 试验注意事项

（1）刚刚烘干的土样要等冷却后才能称重。

（2）称重时精确至小数点后两位。

5. 表格的填写与计算

（1）计算公式。按下式计算土的含水率：

$$\omega = \frac{m_\omega}{m_s} \times 100\% = \frac{m_1 - m_2}{m_2 - m_0} \times 100\%$$

式中　ω——含水率，计算至0.1%；

m_0——盒质量，g；

m_1——盒加湿土质量，g；

m_2——盒加干土质量，g；

$m_1 - m_2$——土中水质量，g；

$m_2 - m_0$——干土质量，g。

含水率试验需进行二次平行试验测定，取其算术平均值。最大允许平行差值应符合：含水率<10%时为±0.5%，含水率10%～40%时为±1.0%，含水率>40%时为±2.0%。

（2）含水率试验记录表（烘干法）（表4-2-1）。

表 4 - 2 - 1 含水率试验记录表（烘干法）

试验者 _____   校核者 _____   试验日期 ___年 ___月 ___日

土样编号	盒号	盒质量	盒加湿土质量	盒加干土质量	水质量 m_w	干土质量 m_s	含水率/%	
		m_0/g	m_1/g	m_2/g	(m_1-m_2)/g	(m_2-m_0)/g	单值	平均值
12	1	23.58	43.32	38.63	4.69	15.05	31.2	31.3
	2	23.56	43.13	38.45	4.68	14.89	31.4	

6. 控制标准与评价

每位同学通过训练要达到的要求：

（1）实践技能考核评分细则如下：含水率试验（100 分）。

1）称量盒记录（20 分）。选手从方盘中取出称量盒，记录称量盒盒号，置于电子天平上称量其质量或者按恒质量盒查其质量，质量以 g 为单位，准确至小数点后两位。称量盒项目划分及分值分配见表 4 - 2 - 2。

表 4 - 2 - 2 称量盒项目划分及分值分配表

序 号	项 目 划 分		分值/分
1	电子天平预热		6
2	记录盒号	第一次	2
3	确定称量盒的质量		5
4	记录盒号	第二次	2
5	确定称量盒的质量		5
	总分		20

2）湿土称量（20 分）。湿土称量项目划分及分值分配见表 4 - 2 - 3。

表 4 - 2 - 3 湿土称量项目划分及分值分配表

序 号	项 目 划 分		分值/分
1	取代表性试样	第一次	2
2	称量盒加湿土的质量		8
3	取代表性试样	第二次	2
4	称量盒加湿土的质量		8
	总分		20

3）湿土烘干（20 分）。选手揭开盒盖，将试样和盒放入烘箱，在温度 105～110℃下烘到恒量。烘干时间对黏质土不少于 8h；砂类土不少于 6h；对含有机质超过 10% 的土，应将温度控制在 65～70℃下烘到恒量。湿土烘干项目划分及分值分配见表 4 - 2 - 4。

表 4 - 2 - 4

序 号	项 目 划 分		分值/分
1	开盖放入烘箱	第一次	2
2	设置正确的烘干温度		5
3	烘干时间符合规范要求		3
4	开盖放入烘箱	第二次	2
5	设置正确的烘干温度		5
6	烘干时间符合规范要求		3
总分			20

4）冷却称量（10 分）。选手将烘干后的试样和称量盒取出，盖好盒盖放入干燥器内冷却至室温，称干土加盒的质量。冷却称量项目划分及分值分配见表 4 - 2 - 5。

表 4 - 2 - 5　　　　　　　冷却称量项目划分及分值分配表

序 号	项 目 划 分		分值/分
1	盖盒盖放入干燥器冷却至室温	第一次	2
2	称量盒加干土的质量		3
2	盖盒盖放入干燥器冷却至室温	第二次	2
4	称量盒加干土的质量		3
总分			10

5）结果计算（30 分）。选手按照试验结果计算土的含水率，要写出计算公式和计算步骤，有单位的要写上单位，质量以 g 为单位。

计算结果采用四舍五入的原则，含水率精确至 0.1% 密度，计算结果小数点后保留位数不够的要补上 0。含水率试验需进行二次平行试验，其平行差值：含水率 <10% 时其平行差值不得大于 0.5%，含水率 10%～40% 时其平行差值不得大于 1.0%，含水率 >40% 时其平行差值不得大于 2.0%，取其算术平均值。结果计算项目划分及分值分配见表 4 - 2 - 6。

表 4 - 2 - 6　　　　　　　结果计算项目划分及分值分配表

序 号	项 目 划 分		分值/分
1	分次含水率计算（含计算步骤）	第一次	7
		第二次	7
2	平行差值计算（含计算步骤）		10
3	土的含水率计算（含计算步骤）		6
总分			30

（2）学生针对要求对自己试验做出正确的自我评价。写出改进的措施：＿＿＿＿＿＿＿

＿＿＿＿＿＿＿＿＿＿＿＿＿＿＿＿＿＿＿＿＿＿＿＿＿＿＿＿＿＿＿＿＿＿＿＿＿＿。

（3）指导教师要对每位学生的试验过程进行及时评价。

评价内容＼评价标准	很　好	好	一　般
知识技能	教师签名：	教师签名：	教师签名：
试验态度	教师签名：	教师签名：	教师签名：

项目三 颗粒分析试验（筛析法）

1. 任务的目的

测定干土各粒组占该土总质量的百分数，以便了解土粒的组成情况。供砂类土的分类、判断土的工程性质及建材选料之用。

2. 仪器设备

（1）标准筛：孔径 10mm、5mm、2mm、1.0mm、0.5mm、0.25mm、0.075mm。

（2）天平：称量 1000g，分度值 0.1g。

（3）台称：称量 5kg，分度值 1g。

（4）其他：毛刷、木碾等。

3. 操作步骤

（1）备土：从粒径大于 0.075mm 的风干松散的无黏性土中，用四分对角法取出代表性的试样。

（2）取土：取干砂 500g，称量准确至 0.2g。

（3）摇筛：将称好的试样倒入依次叠好的筛，然后按照顺时针或逆时针进行筛析。振摇时间一般为 10～15min。

（4）称量：逐级称取留在各筛上的质量。

4. 试验注意事项

（1）将土样倒入依次叠好的筛子中进行筛析。

（2）筛析法采用振筛机，在筛析过程中应能上下振动，水平转动。

（3）称重后干砂总重精确至 ±2g。

（4）试验误差小于 1%。

5. 表格的填写与计算

（1）计算公式。按下列公式计算小于某颗粒直径的土质量百分数：

$$X = \frac{m_A}{m_B} \times 100\%$$

式中　X——小于某颗粒直径的土质量百分数，%；

　　m_A——小于某颗粒直径的土质量，g；

　　m_B——所取试样的总质量（500g）。

用小于某粒径的土质量百分数为纵坐标，颗粒直径（mm）的对数值为横坐标，绘制颗粒大小分配曲线。

（2）颗粒分析试验记录表（筛析法）（表 4-3-1）。

表 4-3-1   颗粒分析试验记录表（筛析法）

试验者 _____   校核者 _____   试验日期 ___ 年 ___ 月 ___ 日

土样编号 _____   干土质量 $m_B = 500g$ 土样说明 _____

孔 径 /mm	留筛土质量 /g	累积留筛土质量 /g	小于该孔径的土质量 /g	小于该孔径的土质量 百分数/%
20	0.0	0.0	500.0	100.0
10	17.0	17.0	483.0	96.6
5	45.0	62.0	438.0	87.6
2	65.5	127.5	372.5	74.5
1	85.0	212.5	287.5	57.5
0.5	100.5	313.0	187.0	37.4
0.25	122.0	435.0	65.0	13.0
0.075	60.0	495.0	5.0	1.0
底盘总计	5.0	500.0		

6. 控制标准与评价

(1) 实践技能考核评分细则如下：颗粒分析试验（100 分）。

1）备土、取土（10 分）。选手从方盘中用四分对角法取出代表性的试样，称量干砂试样 500g，准确至 0.1g。备土、取土项目划分及分值分配见表 4-3-2。

2）摇筛（15 分）。选手将称量好的试样倒入依次叠好的筛的最上层筛中，进行筛析，震摇时间一般为 10～15min。摇筛项目划分及分值分配见表 4-3-3。

表 4-3-2   备土、取土项目划分及分值分配表

序号	项目划分	分值/分
1	采用四分对角法取出代表性试样	5
2	称量干砂试样 500g	5
	总分	10

表 4-3-3   摇筛项目划分及分值分配表

序号	项目划分	分值/分
1	筛子依次叠好	10
2	震摇	5
	总分	15

3）称量（20 分）。选手由最大孔径筛开始，顺序将各筛取下，在白纸上用手轻叩摇晃，如仍有土粒漏下，应继续轻叩摇晃，至无土粒漏下为止。漏下的土粒应全部放入下级筛内。并将留在各筛上和底盘的试样分别称量，准确至 0.1g。称量项目划分及分值分配见表 4-3-4。

4）结果计算（55 分）。选手按照试验结果确定各留筛土及底盘内土质量总和与筛前试样总质量之差不得大于试样总质量的 1%，否则重做试验；按照试验结果计算累积留筛土的质量、小于该孔径的土质量和小于该孔径的土质量百分数，画出土的颗粒大小分布曲线；计算土的不均匀系数和曲率系

表 4-3-4   称量项目划分及分值分配表

序号	项目划分	分值/分
1	取筛并轻叩摇晃	10
2	称量留筛土质量	10
	总分	20

数，判断土的级配情况并给土定名。要写出计算公式和计算步骤，有单位的要写上单位。

计算结果采用四舍五入的原则，质量精确至0.1g，百分数精确至0.1%，计算结果小数点后保留位数不够的要补上0。结果计算项目划分及分值分配见表4-3-5。

表4-3-5   结果计算项目划分及分值分配表

序号	项 目 划 分	分值/分	序号	项 目 划 分	分值/分
1	累积留筛土的质量	6	6	曲率系数计算（含计算公式）	8
2	小于该孔径的土质量	6	7	颗粒级配情况（含判断依据）	8
3	小于该孔径的土质量百分数	6	8	土的分类定名（含判断依据）	8
4	土的颗粒大小分布曲线	5		总分	55
5	不均匀系数计算（含计算公式）	8			

（2）学生针对要求对自己试验做出正确的自我评价。写出改进的措施：_____

_____。

（3）指导教师要对每位学生的试验过程进行及时评价。

评价内容＼评价标准	很　好	好	一　般
知识技能	教师签名：	教师签名：	教师签名：
试验态度	教师签名：	教师签名：	教师签名：

项目四 界限含水率试验

1. 任务的目的

测定黏性土的液限 ω_L 和塑限 ω_P，并由此计算塑性指数 I_P、液性指数 I_L，进行黏性土的定名及判别黏性土的软硬程度。

2. 仪器设备

(1) 液塑限联合测定仪：电磁吸锥、测读装置、升降支座等，圆锥仪质量 76g，锥角 30°，试样杯等。

(2) 天平：称量 200g，分度值 0.01g。

(3) 其他：调土刀、不锈钢杯、凡士林、称量盒、烘箱、干燥器等。

3. 操作步骤

(1) 土样制备：当采用风干土样时，取通过 0.5mm 筛的代表性土样约 200g，分成三份，分别放入不锈钢杯中，加入不同数量的水，然后按下沉深度为 4~5mm，9~11mm，15~17mm 范围制备不同稠度的试样。

(2) 装土入杯：将制备的试样调拌均匀，填入试样杯中，填满后用刮土刀刮平表面，然后将试样杯放在联合测定仪的升降座上。

(3) 接通电源：在圆锥仪锥尖上涂抹一薄层凡士林，接通电源，使电磁铁吸住圆锥。

(4) 测读深度：调整升降座，使锥尖刚好与试样面接触，切断电源使电磁铁失磁，圆锥仪在自重下沉入试样，经 5s 后测读圆锥下沉深度。

(5) 测含水率：取出试样杯，测定试样的含水率。重复以上步骤，测定另两个试样的圆锥下沉深度和含水率。

4. 试验注意事项

(1) 土样分层装杯时，注意土中不能留有空隙。

(2) 每种含水率设三个测点，取平均值作为这种含水率所对应土的圆锥入土深度，如三点下沉深度相差太大，则必须重新调试土样。

(3) 对应界限含水率取值以百分数表示，准确至 0.1%。

5. 表格的填写与计算

(1) 计算公式。

1) 计算各试样的含水率：

$$w = \frac{m_w}{m_s} \times 100\% = \frac{m_1 - m_2}{m_2 - m_0} \times 100\%$$

式中符号意义与含水率试验相同。

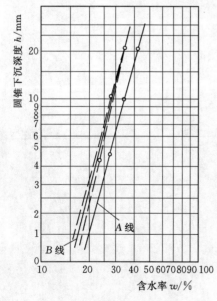

图 4-4-1 圆锥入土深度与
含水率关系图

2）以含水率为横坐标，圆锥下沉深度为纵坐标，在双对数坐标纸上绘制关系曲线，三点连一直线（如图4-4-1中的A线）。当三点不在一直线上，可通过高含水率的一点与另两点连成两条直线，在圆锥下沉深度为2mm处查得相应的含水率。当两个含水率的差值≥2%时，应重做试验。当两个含水率的差值<2%时，用这两个含水率的平均值与高含水率的点连成一条直线（如图4-4-1中的B线）。

3）在圆锥下沉深度与含水率的关系图上，查得下沉深度为17mm所对应的含水率为17mm液限；查得下沉深度为10mm所对应的含水率为10mm液限，查得下沉深度为2mm所对应的含水率为塑限。

（2）液限、塑限联合试验记录表（表4-4-1）。

表4-4-1　　　　　　　　　　　　　　液限、塑限联合试验记录表

工程名称_____　　　　　　　　　　试验者_____
试样编号_____　　　　　　　　　　计算者_____
试验日期_____　　　　　　　　　　校核者_____

试样编号	圆锥下沉深度/mm	盒号	盒质量 m_0/g	盒加湿土质量 m_1/g	盒加干土质量 m_2/g	水质量 m_w/g	干土质量 m_s/g	含水率 ω/%	液限 ω_L/%	塑限 ω_P/%
1	4.5	22	23.55	43.17	39.05	4.12	15.50	26.6		
2	9.8	25	23.57	46.52	40.77	5.75	17.20	33.4	41.5	19.5
3	16.5	28	23.59	50.34	42.39	7.95	18.80	42.3		

6. 控制标准与评价

（1）实践技能考核评分细则如下：界限含水率试验（100分）

1）土样制备（10分）。土样制备项目划分及分值分配见表4-4-2。

表4-4-2　　　　　　　　　　土样制备项目划分及分值分配表

序　号	项　目　划　分	分值/分
1	土样过0.5mm筛	5
2	加水调膏并密封静置	5
总分		10

2）装土入杯（15分）。选手将制备好的土膏用调土刀充分调拌均匀，密实地填入试样杯中，应使空气逸出。高出试样杯的余土用刮土刀刮平，随即将试样杯放在联合测定仪的升降座上。装土入杯项目划分及分值分配见表4-4-3。

表4-4-3　　　　　　　　　　装土入杯项目划分及分值分配表

序　号	项　目　划　分		分值/分
1	土样调拌均匀	第一次	2
2	装土入杯		3
3	土样调拌均匀	第二次	2
4	装土入杯		3

序　号	项　目　划　分		分值/分
5	土样调拌均匀	第三次	2
6	装土入杯		3
	总分		15

3）接通电源（9分）。选手取圆锥仪，在圆锥仪锥尖上涂抹一薄层凡士林，接通电源，使电磁铁吸住圆锥仪。接通电源项目划分及分值分配见表4-4-4。

表4-4-4　　　　　　　　　接通电源项目划分及分值分配表

序　号	项　目　划　分		分值/分
1	圆锥仪锥尖涂凡士林，接通电源	第一次	3
2	圆锥仪锥尖涂凡士林，接通电源	第二次	3
3	圆锥仪锥尖涂凡士林，接通电源	第三次	3
	总分		9

4）测读下沉深度（12分）。选手调整升降座，使圆锥仪锥尖刚好与试样面接触，指示灯亮时圆锥仪在自重下沉入试样，经5s后测读圆锥下沉深度。测读下沉深度项目划分及分值分配见表4-4-5。

表4-4-5　　　　　　　　　测读下沉深度项目划分及分值分配表

序　号	项　目　划　分		分值/分
1	测读下沉深度	第一次	4
2	测读下沉深度	第二次	4
3	测读下沉深度	第三次	4
	总分		12

5）测含水率（30分）。选手取出试样杯，挖去锥尖入土处的凡士林，取锥体附近的试样不少于10g，放入称量盒内，测定含水率。重复以上步骤，测定另两个试样的圆锥下沉深度和含水率。测含水率项目划分及分值分配见表4-4-6。

表4-4-6　　　　　　　　　测含水率项目划分及分值分配表

序　号	项　目　划　分		分值/分
1	测含水率	第一次	10
2	测含水率	第二次	10
3	测含水率	第三次	10
	总分		30

6）结果计算（24分）。选手按照试验结果以含水率为横坐标，圆锥下沉深度为纵坐标，在双对数坐标纸上绘制关系曲线，三点连一直线。当三点不在一直线上，可通过高含水率的一点与另两点连成两条直线，在圆锥下沉深度为2mm处查得相应的含水率。当两

个含水率的差值≥2%时，应重做试验。当两个含水率的差值<2%时，用这两个含水率的平均值与高含水率的点连成一条直线，此直线即为圆锥下沉深度与含水率的关系图。在此图上，查得下沉深度为17mm所对应的含水率为17mm液限；查得下沉深度为10mm所对应的含水率为10mm液限，查得下沉深度为2mm所对应的含水率为塑限，取值以百分数表示，准确至0.1%；计算塑性指数，并对土进行分类定名。要写出计算公式和计算步骤，有单位的要写上单位。

计算结果采用四舍五入的原则，质量精确至0.1g，百分数精确至0.1%，计算结果小数点后保留位数不够的要补上0。结果计算项目划分及分值分配见表4-4-7。

表4-4-7　　　　　　　　　　　结果计算项目划分及分值分配表

序　号	项　目　划　分	分值/分
1	画圆锥下沉深度与含水率关系图（含判断含水率差值是否符合规范要求）	6
2	确定液限和塑限	6
3	确定塑性指数（含计算过程）	6
4	土的分类定名（含判断依据）	6
总分		24

（2）学生针对要求对自己试验做出正确的自我评价。写出改进的措施：＿＿＿＿＿＿＿

＿＿。

（3）指导教师要对每位学生的试验过程进行及时评价。

评价标准 评价内容	很　好	好	一　般
知识技能	教师签名：	教师签名：	教师签名：
试验态度	教师签名：	教师签名：	教师签名：

项目五 击 实 试 验

1. 任务的目的

在击实方法下测定土的最大干密度和最优含水率,是控制路堤、土坝和填土地基等密实度的重要指标。

2. 仪器设备

(1) 击实仪:如图 4-5-1 所示。锤质量 2.5kg,筒高 116mm,体积 947.4cm³。

(2) 天平:称量 200g,分度 0.01g。

(3) 台称:称量 10kg,分度值 5g。

(4) 筛:孔径 5mm。

(5) 其他:喷水设备、碾土器、盛土器、推土器、修土刀等。

3. 操作步骤

(1) 制备土样:取代表性风干土样,放在橡皮板上用木碾碾散,过 5mm 筛,土样量不少于 20kg。

(2) 加水拌和:预定 5 个不同含水率,依次相差 2%,其中有两个大于和两个小于最优含水率。

所需加水量按下式计算:

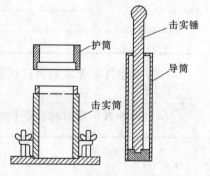

图 4-5-1 击实仪示意图

$$m_w = \frac{m_{w0}}{1+\omega_0}(\omega - \omega_0)$$

式中　m_w——所需加水质量,g;

m_{w0}——风干含水率时土样的质量,g;

ω_0——土样的风干含水率,%;

ω——预定达到的含水率,%。

按预定含水率制备试样,每个试样取 2.5kg,平铺于不吸水的平板上,用喷水设备向土样均匀喷洒预定的加水量,并均匀拌和。

(3) 分层击实:取制备好的试样 600~800g,倒入筒内,整平表面,击实 25 次,每层击实后土样约为击实筒容积的 1/3。击实时,击锤应自由落下,锤迹须均匀分布于土面。重复上述步骤,进行第二、三层的击实。击实后试样略高出击实筒(不得大于 6mm)。

(4) 称土质量:取下套环,齐筒顶细心削平试样,擦净筒外壁,称土质量,准确至 0.1g。

(5) 测含水率:用推土器推出筒内试样,从试样中心处取 2 个各为 15~30g 土测定含水率,平行差值不得超过 1%。按(2)~(4)步骤进行其他不同含水率试样的击实试验。

4. 试验注意事项

(1) 试验前,击实筒内壁要涂一层凡士林。

（2）击实一层后，用刮土刀把土样表面刨毛，使层与层之间压密，同理，其他两层也是如此。

（3）如果使用电动击实仪，则必须注意安全。打开仪器电源后，手不能接触击实锤。

5. 表格的填写与计算

（1）按下式计算干密度：

$$\rho_d = \frac{\rho}{1+\omega}$$

式中 ρ_d——干密度，g/cm^3；

ρ——湿密度，g/cm^3；

ω——含水率，%。

（2）击实试验记录表（表4-5-1）。

表4-5-1　　　　　　　　　击实试验记录表

土样编号＿＿＿＿＿＿　　土粒比重＿2.72＿　　　试验者＿＿＿＿＿＿

土样类别＿CI＿　　　　每层击数＿25＿　　　　校核者＿＿＿＿＿＿

击实筒内容积V＝947.4cm³　试验仪器轻型击实仪　　　试验日期＿＿＿＿＿＿

试验序号	干 密 度					含 水 率						
	筒加土质量/g	筒质量/g	湿土质量/g	密度/(g/cm³)	干密度/(g/cm³)	盒号	盒加湿土质量/g	盒加干土质量/g	盒质量/g	水的质量/g	干土质量/g	含水率/%	平均含水率/%
	(1)	(2)	(3)	(4)	(5)		(6)	(7)	(8)	(9)	(10)	(11)	(12)
			(1)－(2)	$\frac{(3)}{V}$	$\frac{(4)}{1+0.01\omega}$					(6)－(7)	(7)－(8)	$\frac{(9)}{(10)}\times100$	
1	2510	780	1730	1.83	1.53	731	31.26	28.46	14	2.80	14.46	19.4	19.3
						742	30.72	28.03	14	2.69	14.03	19.2	
2	2570	780	1790	1.89	1.56	734	26.59	24.38	14	2.21	10.38	21.3	21.3
						739	30.32	27.46	14	2.86	13.46	21.3	
3	2620	780	1840	1.94	1.57	751	26.80	24.32	14	2.48	10.32	24.0	23.8
						788	28.92	26.07	14	2.85	12.07	23.6	
4	2630	780	1850	1.95	1.55	767	28.29	25.35	14	2.94	11.35	25.9	25.9
						724	29.65	26.44	14	3.21	12.44	25.8	
5	2610	780	1830	1.93	1.52	812	29.33	26.02	14	3.31	12.02	27.5	27.6
						814	34.26	29.88	14	4.38	15.88	27.6	

以干密度 ρ_d 为纵坐标，含水率 ω 为横坐标，绘制干密度与含水率关系曲线（图4-5-2）。曲线上峰值点所对应的纵横坐标分别为土的最大干密度和最优含水率。如曲线不能绘出准确峰值点，应进行补点。

6. 控制标准与评价

（1）实践技能考核评分细则如下：轻型击实试验（100分）。

1）制备土样（10分）。选手用四分法取代表性风干土样，放在橡皮板上用木碾碾散，过5mm筛，土样量不少于20kg。制备土样项目划分及分值分配见表4-5-2。

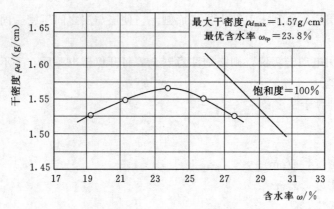

图 4-5-2　$\rho_d-\omega$ 关系曲线

表 4-5-2　　　　　　　　　制备土样项目划分及分值分配表

序 号	项 目 划 分	分值/分
1	四分法取样	5
2	土样过 0.5mm 筛	5
总分		10

2）加水拌和（15 分）。选手将筛下土样拌匀，并测定土样的风干含水率。根据土的塑限预估最优含水率，按依次相差约 2% 的含水率制备 5 个不同含水率的试样，其中 2 个含水率大于塑限，2 个含水率小于塑限，1 个含水率接近塑限。

按预定含水率制备试样，每个试样取 2.5kg，平铺于不吸水的平板上，用喷水设备向土样均匀喷洒预定的加水量，并均匀拌和并装入塑料袋内或密封于盛土器内静置备用。静置时间分别为：高液限黏土不得少于 24h，低液限黏土不得少于 12h。加水拌和项目划分及分值分配见表 4-5-3。

表 4-5-3　　　　　　　　　加水拌和项目划分及分值分配表

序 号	项 目 划 分		分值/分
1	计算加水量	第一个试样	2
2	拌制均匀，静置备用		1
3	计算加水量	第二个试样	2
4	拌制均匀，静置备用		1
5	计算加水量	第三个试样	2
6	拌制均匀，静置备用		1
7	计算加水量	第四个试样	2
8	拌制均匀，静置备用		1
9	计算加水量	第五个试样	2
10	拌制均匀，静置备用		1
总分			15

3) 分层击实（15分）。分层击实项目划分及分值分配见表 4-5-4。

表 4-5-4 分层击实项目划分及分值分配表

序 号	项 目 划 分		分值/分
1	安装击实仪	第一个试样	1
2	分三层击实试样		2
3	安装击实仪	第二个试样	1
4	分三层击实试样		2
5	安装击实仪	第三个试样	1
6	分三层击实试样		2
7	安装击实仪	第四个试样	1
8	分三层击实试样		2
9	安装击实仪	第五个试样	1
10	分三层击实试样		2
总分			15

4) 称筒与试样的总质量（10分）。称筒与试样的总质量项目划分及分值分配见表4-5-5。

表 4-5-5 称筒与试样的总质量项目划分及分值分配表

序 号	项 目 划 分		分值/分
1	拆护筒、底板，修平试样，擦净筒外壁	第一个试样	1
2	称量筒与试样的总质量		1
3	拆护筒、底板，擦净筒外壁	第二个试样	1
4	称量筒与试样的总质量		1
5	拆护筒、底板，擦净筒外壁	第三个试样	1
6	称量筒与试样的总质量		1
7	拆护筒、底板，擦净筒外壁	第四个试样	1
8	称量筒与试样的总质量		1
9	拆护筒、底板，擦净筒外壁	第五个试样	1
10	称量筒与试样的总质量		1
总分			10

5) 测含水率（30分）。选手用推土器推出筒内试样，从试样中心处取 2 个各为 15～30g 土平行测定含水率，称量准确至 0.01g，含水率平行差值不得超过 1%。按 2）～4）步骤进行其他不同含水率试样的击实试验。测含水率项目划分及分值分配见表 4-5-6。

表 4-5-6   **测含水率项目划分及分值分配表**

序　号	项　目　划　分		分值/分
1	测含水率	第一次	10
2	测含水率	第二次	10
3	测含水率	第三次	10
	总分		30

6）结果计算（20 分）。选手按照试验结果计算击实后的湿密度和干密度；以含水率为横坐标，以干密度为纵坐标，绘制关系曲线；曲线上峰值点所对应的纵横坐标分别为土的最大干密度和最优含水率。如曲线不能绘出准确峰值点，应进行补点。要写出计算公式和计算步骤，有单位的要写上单位。

计算结果采用四舍五入的原则，密度精确至 $0.01g/cm^3$，百分数精确至 0.1%，计算结果小数点后保留位数不够的要补上。结果计算项目划分及分值分配见表 4-5-7。

表 4-5-7   **结果计算项目划分及分值分配表**

序　号	项　目　划　分	分值/分
1	计算湿密度和干密度（含计算过程）	8
2	绘制干密度与含水率的关系曲线	6
3	确定最大干密度和最优含水率	6
	总分	20

（2）学生针对要求对自己试验做出正确的自我评价。写出改进的措施：＿＿＿＿＿＿＿

＿＿＿＿＿＿＿＿＿＿＿＿＿＿＿＿＿＿＿＿＿＿＿＿＿＿＿＿＿＿＿＿＿＿＿＿＿＿。

（3）指导教师要对每位学生的试验过程进行及时评价。

评价标准 评价内容	很　好	好	一　般
知识技能	教师签名：	教师签名：	教师签名：
试验态度	教师签名：	教师签名：	教师签名：

项目六　固结试验（快速法）

1. 任务的目的

（1）了解固结实验的快速法，了解固结试验快速法的原理。

（2）测定试样在侧限与轴向排水条件下的压缩变形 Δh 和荷载 P 的关系，以便计算土的单位沉降量 ΔS、压缩系数 a_{1-2} 和压缩模量 E_s 等，判别土的压缩性，为工程地基处理提供参考资料。

2. 仪器设备

（1）固结仪：水槽、护环、环刀、导环、透水版、加压上盖板、位移计导杆、位移计架，试样面积 30cm²，高 2cm。

（2）量表：量程 10mm，最小分度 0.01mm。

（3）其他：刮土刀、电子天平、秒表、凡士林等。

3. 操作步骤

（1）切取试样：用环刀切取原状土样或制备所需状态的扰动土样。

（2）测定试样密度：取削下的余土测定含水率，需要时对试样进行饱和。

（3）安放试样：将带有环刀的试样安放在压缩容器的护环内，并在容器内顺次放上底板、湿润的滤纸和透水石各一，然后放入加压导环和传压板。

（4）检查设备：检查加压设备是否灵敏，调整杠杆使之水平。

（5）安装量表：将装好试样的压缩容器放在加压台的正中，将传压钢珠与加压横梁的凹穴相连接。然后装上量表，调节量表杆头使其可伸长的长度不小于 8mm，并检查量表是否灵活和垂直（在教学试验中，学生应先练习量表读数）。

（6）施加预压：为确保压缩仪各部位接触良好，施加 1kPa 的预压荷重，然后调整量表读数至零处。

（7）加压观测。

1）荷重等级一般为 50kPa、100kPa、200kPa、400kPa。

2）在各级压力下，压缩时间规定为 1h，仅在最后一级压力下，除测记 1h 变形量外，还需测读达到稳定标准（24h）时的变形量（在教学中可采用各级压力下，压缩时间 15min 后读数，在最后一级荷载后稳定 20min 后读数）。

4. 试验注意事项

（1）装好试样，再安装量表。在装量表的过程中，小指针需调至整数位，大指针调至零，调节量表杆头使其可伸长的长度不小于 8mm，固定在量表架上。

（2）加荷时，应按顺序加砝码；试验中不要震动实验台，以免指针产生移动。

5. 表格的填写与计算

（1）计算公式。

1）按下式计算试样的初始孔隙比：

$$e_0 = \frac{G_s \rho_w (1 + \omega_0)}{\rho_0} - 1$$

2）下式计算各级荷重下压缩稳定后的孔隙比 e_i：

$$e_i = e_0 - (1 + e_0) \frac{\sum \Delta h_i}{h_0}$$

式中　G_s——土粒比重；

　　　ρ_w——水的密度，g/cm^3；

　　　ω_0——试样起始含水率，%；

　　　ρ_0——试样起始密度，g/cm^3；

　$\sum \Delta h_i$——在某一荷重下试样压缩稳定后的总变形量，其值等于该荷重下压缩稳定后的量表读数减去仪器变形量，mm；

　　　h_0——试样起始高度，即环刀高度，mm。

3）算各级荷载下试样校正后的总变形量：

$$\sum \Delta h_i = (h_i)_t \frac{(h_n)_T}{(h_n)_t} = K (h_i)_t$$

式中　$\sum \Delta h_i$——某一压力下校正后的总变形量，mm；

　　　$(h_i)_t$——某一压力下固结1h的总变形量减去该压力下的仪器变形量，mm；

　　　$(h_n)_T$——最后一级压力下达到稳定标准的总变形量减去该压力下的仪器变形量，mm；

　　　$(h_n)_t$——最后一级级压力下固结1h的总变形量减去该压力下的仪器变形量，mm；

　$K = \dfrac{(h_n)_T}{(h_n)_t}$——大于1的校正系数。

（2）固结试验记录表（快速法）（表4-6-1）。

表4-6-1　　　　　　　　　　　固结试验记录表（快速法）

读数时间 /(h：min：s)	加荷持续时间 /min	压力 /kPa	量表读数 /0.01mm	仪器变形量 /mm	校正前土样变形量 $(h_i)t$/mm	校正后土样变形量 $\sum \Delta h_i$ /mm	压缩后孔隙比 e_i
14：25：25	15	50	36.0	0.03	0.330	0.350	0.733
14：40：25	15	100	71.5	0.05	0.665	0.705	0.702
14：55：25	15	200	95.7	0.08	0.877	0.930	0.682
15：10：25	15	400	123.1	0.11	1.121	1.188	0.659
15：30：25	20	400	129.8	0.11	1.188	—	—

压缩系数 $a_{1-2}=$ ___0.200___ (MPa^{-1})，压缩模量 $E_{s(1-2)}=$ ___8.51___ （MPa），属 中 压缩性土，
量表小针读数： 8.6 mm，$\omega = 21.3\%$，$\rho = 1.87 g/cm^3$，$G_s = 2.72$，$h_0 = 20mm$，
开始加荷时间（h：min：s） 14：10：25

计算过程：1）校正系数：$K = \dfrac{(h_n)T}{(h_n)t} = \dfrac{1.188}{1.121} = 1.06$

2）校正后土样变形量：

$\sum \Delta h_{0.5} = k (h_i)t = 1.06 \times 0.330 = 0.350 (mm)$

$\sum \Delta h_1 = k (h_i)t = 1.06 \times 0.665 = 0.705 (mm)$

184

$$\sum \Delta h_2 = k(h_i)t = 1.06 \times 0.877 = 0.930 (\text{mm})$$

3）孔隙比：$e_0 = \dfrac{G_s(1+\omega)\rho_\omega}{\rho} - 1 = \dfrac{2.72 \times (1+0.213) \times 1}{1.87} - 1 = 0.764$

$$e_{0.5} = e_0 - (1+e_0)\frac{\sum \Delta h_i}{h_0} = 0.764 - (1+0.764) \times \frac{0.350}{20} = 0.733$$

$$e_1 = e_0 - (1+e_0)\frac{\sum \Delta h_i}{h_0} = 0.764 - (1+0.764) \times \frac{0.705}{20} = 0.702$$

$$e_2 = e_0 - (1+e_0)\frac{\sum \Delta h_i}{h_0} = 0.764 - (1+0.764) \times \frac{0.930}{20} = 0.682$$

$$e_4 = e_0 - (1+e_0)\frac{\sum \Delta h_i}{h_0} = 0.764 - (1+0.764) \times \frac{1.188}{20} = 0.659$$

4）压缩性指标：$a_{1-2} = \dfrac{e_1 - e_2}{p_2 - p_1} = \dfrac{0.702 - 0.682}{0.2 - 0.1} = 0.200 (\text{MPa}^{-1})$

$$E_{s(1-2)} = \frac{1+e_1}{a_{1-2}} = \frac{1+0.702}{0.200} = 8.51 (\text{MPa})$$

由于 $0.1\text{MPa}^{-1} < a_{1-2} = 0.200\text{MPa}^{-1} < 0.5\text{MPa}^{-1}$

该土为中等压缩性。

6．控制标准与评价

（1）实践技能考核评分细则如下：固结试验（100分）。

1）切取土样（20分）。切取土样项目划分及分值分配见表4-6-2。

表4-6-2　　　　　　　　　　切取土样项目划分及分值分配表

序　号	项　目　划　分	分值/分
1	环刀内壁涂一薄层凡士林	1
2	削土方法	8
3	环刀内土样状态（两面凹凸现象）	6
4	取样后环刀外壁状况	1
5	玻璃片	2
6	玻璃片拿下土的状态	2
总分		20

2）安装土样、调整固结仪（20分）。安装土样、调整固结仪项目划分及分值分配见表4-6-3。

表4-6-3　　　　　　　　安装土样、调整固结仪项目划分及分值分配表

序　号	项　目　划　分	分值/分
1	安装土样	8
2	第1次调整加压横梁上的水准泡居中	4
3	压力室放到加压框架下面	2
4	预压小砝码放置	2
5	第2次调整加压横梁上的水准泡居中	3
6	螺钉上的圆形金属板与加压框架横梁接触	1
总分		20

3）安装百分表（10分）。安装百分表项目划分及分值分配见表4-6-4。

表4-6-4　　　　　　　　　安装百分表项目划分及分值分配表

序　号	项　目　划　分		分值/分
1	安装百分表		5
2	调整百分表读数	小针读数	1
		大针读数	1
3	百分表小针读数		1
4	百分表的外环固定		1
5	记录百分表小针读数		1
总分			10

4）施加垂直压力（30分）。施加压力项目划分及分值分配见表4-6-5。

表4-6-5　　　　　　　　　施加压力项目划分及分值分配表

序　号	项　目　划　分		分值/分
1	挂吊盘取下小砝码及加至50kPa压力		3
2	50kPa压力15min读数		2
3	加至100kPa压力		3
4	100kPa压力15min读数		2
5	加至200kPa压力		3
6	200kPa压力15min读数		2
7	加至400kPa压力		3
8	400kPa压力15min读数		2
9	400kPa压力稳定20min读数		2
10	加压横梁水准泡是否居中	1次	0.5
		2次	0.5
		3次	0.5
		4次	0.5
11	试验完成仪器设备及土样整理		2
12	加荷时间	50kPa	1
		100kPa	1
		200kPa	1
		400kPa	1
总分			30

5）结果计算（20分）。计算结果采用实验室数据修约的原则，百分表读数小数点后保留1位，校正前土样变形量、校正后土样变形量、孔隙比、压缩系数小数点后保留3位，压缩模量、校正系数小数点后保留2位，计算结果小数点后保留位数不够的要补上

0，利用 a_{1-2} 大小判断土的压缩性。结果计算项目划分及分值分配见表 4-6-6。

表 4-6-6　　　　　　　　　结果计算项目划分及分值分配表

序 号	项 目 划 分		分值/分
1	校正前土样变形量 （不要计算步骤）	50kPa	1
2		100kPa	1
3		200kPa	1
4		400kPa	1
5		400kPa	1
6	校正系数（含计算步骤）		1
7	校正后土样变形量 （含计算步骤）	50kPa	1
8		100kPa	1
9		200kPa	1
10	初始孔隙比 e_0（含计算步骤）		1.5
11	各压力下的孔隙比 （含计算步骤）	50kPa	1.5
12		100kPa	1.5
13		200kPa	1.5
14		400kPa	1.5
15	a_{1-2}（含计算步骤）		1
16	$E_{s(1-2)}$（含计算步骤）		1
17	压缩性划分（含划分依据）		1.5
总分			20

（2）学生针对要求对自己实训做出正确的自我评价。写出改进的措施：＿＿＿＿＿＿

＿＿。

（3）指导教师要对每位学生的实训过程进行及时评价。

评价标准 评价内容	很 好	好	一 般
知识技能	教师签名：	教师签名：	教师签名：
试验态度	教师签名：	教师签名：	教师签名：

项目七　直接剪切试验（快剪法）

1. 任务的目的

（1）了解直接剪切试验的常用方法，了解黏性土快速剪切试验的适用条件和原理。

（2）通过采用四个试样分别在不同的垂直压力 σ 下，施加水平剪应力进行剪切，求得破坏时的剪应力 τ，绘制 $\sigma - \tau$ 关系图线，根据库仑定律确定土的抗剪强度参数内摩擦角 φ 和黏聚力 c。

2. 仪器设备

（1）应变控制式直接剪切仪：剪切传动机构、推动器、上剪力盒、下剪力盒、垂直加压框架、测力计、传压板等。

（2）百分表：量程 $5\sim10\text{mm}$，分度值 0.01mm。

（3）天平：称量 500g，分度值 0.1g。

（4）环刀：内径 6.18cm，高 2cm。

（5）其他：削土刀、滤纸等。

3. 操作步骤

（1）切取试样：按工程需要用环刀切取一组试样，至少 4 个，并测定试样的密度及含水率。如试样需要饱和，可对试样进行抽气饱和。

（2）安装试样：对准上下盒，插入固定销钉。在下盒内放入一透水石，将装有试样的环刀平口向下，对准剪切盒，再放上透水石，将试样徐徐推入剪切盒内，移去环刀。

（3）施加垂直压力：转动手轮，使上盒前端钢珠刚好与测力计接触，调整测力计中的量表读数为零。顺次加上盖板、钢珠压力框架。每组 4 个试样，分别在 4 种不同的垂直压力下进行剪切。在教学上，可取 4 个垂直压力分别为 100kPa、200kPa、300kPa、400kPa。

（4）行剪切：施加垂直压力后，立即拔出固定销钉，开动秒表，以 $4\sim6\text{rad/min}$ 的均匀速率旋转手轮（在教学中可采用 6rad/min）。使试样在 $3\sim5\text{min}$ 内剪破。如测力计中的量表指针不再前进，或有显著后退，表示试样已经被剪破。但一般宜剪至剪切变形达 4mm。若量表指针再继续增加，则剪切变形应达 6mm 为止。手轮每转一圈，同时测记测力计量表读数，直到试样剪破为止。

（5）拆卸试样：剪切结束后，吸去剪切盒中的积水，倒转手轮，尽快移去垂直压力、框架、上盖板，取出试样。

4. 试验注意事项

（1）先安装试样，再装量表。安装试样时要用透水石把土样从环刀推进剪切盒里，试验前量表中的大指针调至零。

（2）加荷时，不要摇晃砝码；剪切时要拔出销钉。

5. 表格的填写与计算

（1）按下式计算各级垂直压力下所测的抗剪强度：

$$\tau_f = CR$$

式中　τ_f——土的抗剪强度，kPa；

　　　C——测力计率定系数，N/0.01mm；

　　　R——测力计量表读数，0.01mm。

（2）直接剪切试验记录表（表4-7-1）。

表4-7-1　　　　　　　　　　　　　**直接剪切试验记录表**

土样编号　35　　　　　　　　仪器编号　　16号　　　　　　试验者　_____

土样说明黏土夹砂　　　　　测力计率定系数2.26kPa/0.01mm　　校核者　_____

试验方法　快剪　　　　　　手轮转数　6rad/min　　　　　　试验日期　_____

仪 器 编 号	垂 直 压 力 σ/kPa	测 力 计 读 数 R/0.01mm	抗 剪 强 度 τ_f/kPa
16	100	32.5	73.5
	200	58.2	131.5
	300	80.5	181.9
	400	112.2	253.6

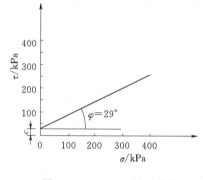

图4-7-1　τ—σ 关系曲线

（3）绘制 σ—τ 曲线（图4-7-1）。以垂直压力 σ 为横坐标，以抗剪强度 τ_f 为纵坐标，纵横坐标必须同一比例，根据 σ—τ 图中各点绘制关系曲线，该直线的倾角为土的内摩擦角 $\varphi = 29°$，该直线在纵轴上的截距为土的黏聚力 $c = 30$kPa，如图4-7-1所示。

6. 控制标准与评价

（1）实践技能考核评分细则如下：快速直剪试验（100分）。

1）试样制备：环刀切取4个原状土样（20分）。切取土样项目划分及分值分配见表4-7-2。

表4-7-2　　　　　　　　　　**切取土样项目划分及分值分配表**

序　号	项　目　划　分	分值/分
1	环刀内壁涂一薄层凡士林	1
2	削土方法	8
3	环刀内土样状态（两面凹凸现象）	6
4	取样后环刀外壁状况	1
5	玻璃片	2
6	玻璃片拿下土的状态	2
	总分	20

2) 试样安装（20分）。试样安装项目划分及分值分配见表4-7-3。

表4-7-3　　　　　　　　试样安装项目划分及分值分配表

序　号	项　目　划　分	分值/分
1	上下盒对齐、插销固定	6
2	透水石放置	2
3	土样垂直压入剪切盒	6
4	加压盖板	2
5	拔插销	2
6	加压框架与盖板接触吻合	2
	总分	20

3) 安装百分表（10分）。安装百分表项目划分及分值分配见表4-7-4。

表4-7-4　　　　　　　　安装百分表项目划分及分值分配表

序　号	项　目　划　分		分值/分
1	安装百分表		5
2	调整百分表读数	小针读数	1
		大针读数	1
3	百分表小针读数		1
4	百分表的外环固定		1
5	记录百分表小针读数		1
	总分		10

4) 施加压力、剪切（30分）。加压剪切项目划分及分值分配见表4-7-5。

表4-7-5　　　　　　　　加压剪切项目划分及分值分配表

序　号	项　目　划　分	分值/分
1	挂吊盘加至100kPa压力	1
2	摇动手轮剪切至土样破坏	2
3	土样破坏时百分表读数	2
4	卸载清理剪切盒	2
5	200kPa、300kPa、400kPa压力三个土样重复第一个土样操作步骤	21
6	试验完成仪器设备及土样整理	2
	总分	30

5) 结果计算：要求计算各土样剪切破坏时的应力，绘制关系曲线，计算（20分）。结果计算项目划分及分值分配见表4-7-6。

表 4-7-6　　　　　　　　　　　　　结果计算项目划分及分值分配表

序　号	项　目　划　分	分值/分
1	计算 4 级荷载下 τ_f（含计算过程）	8
2	绘制 $\tau-\sigma$ 的关系曲线	6
3	确定 c、φ 取值	6
总分		20

（2）学生针对要求对自己实训做出正确的自我评价。写出改进的措施：＿＿＿＿＿＿

＿＿＿＿＿＿＿＿＿＿＿＿＿＿＿＿＿＿＿＿＿＿＿＿＿＿＿＿＿＿＿＿＿＿＿。

（3）指导教师要对每位学生的实训过程进行及时评价。

评价标准 评价内容	很　好	好	一　般
知识技能	教师签名：	教师签名：	教师签名：
试验态度	教师签名：	教师签名：	教师签名：

项目八　变水头渗透试验

1. 任务的目的

(1) 了解渗透试验的常用方法，了解变水头渗透试验的原理和适用条件。

(2) 测定细粒土（黏质土和粉质土）的渗透系数 k，以了解土层渗透性的强弱，作为选择坝体填土料的依据。

2. 仪器设备

(1) 渗透容器：环刀（内径 61.8mm、高 40mm）、透水石（渗透系数大于 10^{-3} cm/s）、套环、上盖和下盖。

(2) 变水头装置：渗透容器、变水头管长度为 1m 以上，分度值为 1.0mm，供水瓶进水管等。

(3) 其他：100mL 量筒、秒表、温度计、切土刀、凡士林等。

3. 操作步骤

(1) 取土、装土：环刀取土，容器套筒内壁涂凡士林，将装有试样的环刀推入套筒内并压入止水垫圈。装好带有透水石和垫圈的上下盖，并用螺丝拧紧，不得漏气漏水。

(2) 供水：把装好试样的容器进水口与供水装置连通，关止水夹，向供水瓶注满水。

(3) 排气：把容器侧立，排气管向上，并打开排气管止水夹。然后开进水口夹，排除容器底部的空气，直至水中无气泡溢出为止。关闭排气管止水夹，平放好容器。在不大于 200cm 水头作用下，静置某一时间，待容器出水口有水溢出后，则认为试样已达饱和。

(4) 测记：使变水头管充水至需要高度后，关止水夹，开动秒表，同时测记开始水头 h_1，经过时间 t 后，再测记终了水头 h_2，同时测记试验开始与终了时的水温。如此连续测记 2～3 次后，再使变水头管水位回升至需要高度，再连续测记数次，前后需 6 次以上。

4. 试验注意事项

(1) 环刀取试样时，应尽量避免结构扰动，并禁止用削土刀反复涂抹试样表面。

(2) 当测定黏性土时，须特别注意不能允许水从环刀与土之间的孔隙中流过，以免产生假象。

(3) 环刀边要套橡皮胶圈或涂一层凡士林以防漏水，透水石需要用开水浸泡。

5. 表格的填写与计算

(1) 按下式计算渗透系数：

$$k_T = 2.3 \frac{aL}{At} \lg \frac{h_1}{h_2}$$

式中　k_T——渗透系数，cm/s；

　　　　a——变水头管截面积，cm^2；

L——试样高度，cm；

h_1——渗径等于开始水头，cm；

h_2——终了水头，cm；

2.3——ln 和 lg 的换算系数。

（2）变水头渗透试验记录表（南 55 型渗透仪）（表 4-8-1）。

表 4-8-1　　　　　变水头渗透试验记录表（南 55 型渗透仪）

土样编号　　6　　　　　　　　试样高度 $L=4.0$ cm　　　　　　试验者　　　　　　

仪器编号　　2　　　　　　　　试样面积 $A=30.0$ cm^2　　　　　校核者　　　　　　

测压管断面积 $a=0.683$ cm^2　　　孔隙比 $e=0.890$　　　　　　试验日期　　　　　　

开始时间 t_1	终了时间 t_2	经过时间 t	开始水头 h_1	终了水头 h_2	$2.3\dfrac{aL}{At}$	$\lg\dfrac{h_1}{h_2}$	水温 T℃时的渗透系数 k_T	水温	校正系数 η_T/η_{20}	渗透系数 k_{20}	平均渗透系数 $\overline{k_{20}}$
d：h：min	d：h：min	S	cm	cm	10^{-4}	10^{-2}	10^{-6} cm/s	℃		10^{-6} cm/s	10^{-6} cm/s
（1）	（2）	（3）	（4）	（5）	（6）	（7）	（8）	（9）	（10）	（11）	（12）
		（2）−（1）				$\lg\dfrac{（4）}{（5）}$	（6）×（7）			（8）×（10）	
8：8：30	8：9：00	1800	231.3	226.0	1.16	1.00	1.160	8.0	1.373	1.59	
8：9：00	8：9：30	1800	214.6	209.6	1.16	1.02	1.183	8.0	1.373	1.62	
8：9：30	8：10：00	3600	251.4	240.1	0.58	2.00	1.160	8.0	1.373	1.59	1.60
8：10：30	8：11：30	3600	217.3	207.4	0.58	2.03	1.177	8.0	1.373	1.62	
8：11：30	8：13：00	5400	198.2	185.0	2.99	1.166		8.0	1.373	1.60	
8：13：00	8：14：30	5400	210.3	196.2	0.39	3.01	1.174	8.0	1.373	1.61	

6. 控制标准与评价

（1）实践技能考核评分细则如下：变水头渗透试验（100 分）。

1）按试验要求取土、装土样准确（30 分）。加压剪切项目划分及分值分配表 4-8-2。

表 4-8-2　　　　　　　　　加压剪切项目划分及分值分配表

序　号	项　目　划　分	分值/分
1	环刀取土样	6
2	饱和土样	6
3	渗透容器套筒内壁涂凡士林	5
4	环刀带试样推入套筒	4
5	压入止水圈，刮净多余凡士林	5
6	装好带有透水板的上下盖，用螺丝拧紧	4
	总分	30

2）渗透容器与水头装置连通方法正确（30 分）。装置连通项目划分及分值分配见表 4-8-3。

表 4-8-3 装置连通项目划分及分值分配表

序号	项目划分	分值/分
1	渗透容器注水	5
2	开排气阀	5
3	容器侧立	5
4	排除渗透容器底部空气	5
5	关排气阀，放平渗透容器	5
6	静置一段时间再开始试验测定	5
总分		30

3）能熟练测记试验数据，应用公式计算渗透系数（40分）。测记试验数据项目划分及分值分配见表4-8-4。

表 4-8-4 测记试验数据项目划分及分值分配表

序号	项目划分	分值/分
1	水头管充水高度，关止水夹，开动秒表，测记起始水头 h_1	8
2	秒表计时 t，测记终了水头 h_2	8
3	水头管水位回升至需要高度，连续测记6次以上，终止试验	8
4	测记试验开始时和终止时的水温	8
5	整理数据，计算结果	8
总分		40

（2）学生针对要求对自己实训做出正确的自我评价。写出改进的措施：_____

_____。

（3）指导教师要对每位学生的实训过程进行及时评价。

评价内容＼评价标准	很好	好	一般
知识技能	教师签名：	教师签名：	教师签名：
试验态度	教师签名：	教师签名：	教师签名：

194

项目九　砂的相对密度试验

1. 任务的目的

(1) 了解砂的密实度指标有哪些，了解砂的相对密实度试验原理。

(2) 通过漏斗法和振动锤击法测定无黏性土的最小干密度和最大干密度，转换计算得到最大和最小孔隙比，用于计算相对密度，判断砂土的密实度。

2. 仪器设备

(1) 漏斗及拂平器：包括锥形塞、长颈漏斗、砂面拂平器等。

(2) 振动叉和击锤：包括击球、击锤、锤座等。

(3) 其他：天平称量1000g、台秤称量5000g，分度值1g，量筒、击实筒等。

3. 操作步骤

(1) 最大孔隙比（最小干密度）测定。

1) 锥形塞杆自长颈漏斗下口穿入，并向上提起，使锥底堵住漏斗管口，一并放入1000mL的量筒内，使其下端与量筒底接触。

2) 称取烘干或风干的代表性试样700g，均匀缓慢地倒入漏斗中，将漏斗和锥形塞杆同时提高，移动塞杆，使锥体略离开管口，管口应经常保持高出砂面1～2cm，使试样缓慢且均匀分布地落入量筒中。试样全部落入量筒后，取出漏斗和锥形塞，用砂面拂平器将砂面拂平，测试样体积。

3) 用手掌或橡皮板堵住量筒口，将量筒倒转并缓慢地转回到原来位置，重复数次，测记试样在量筒内所占体积的最大值。取上述两种方法测得的较大体积值，计算最小干密度。

(2) 最小孔隙比（最大干密度）测定。

1) 取代表性试样2000g，拌匀后分三次倒入金属圆筒进行振击，每层试样为圆筒容积的1/3，试样倒入圆筒后用振动叉以往返150～200次/min的速度敲打圆筒两侧，并在同一时间内用击锤锤击试样，30～60次/min，直至试样体积不变为止。如此重复第二、第三层。

2) 取下护筒，刮平试样，称圆筒和试样总质量，算出试样质量，计算最大干密度。

4. 试验注意事项

砂土的最大与最小密度必须进行两次平行测定，两次测定的密度差值不得大于0.03g/cm³，并取两次测值的平均值。

5. 表格的填写与计算

(1) 计算公式。

1) 最小干密度的计算：

$$\rho_{d\min} = \frac{m_d}{V_{\max}}$$

式中　m_d——试样干质量，g；

　　　V_{max}——试样最大体积，cm^3。

2）最大孔隙比的计算：

$$e_{max} = \frac{\rho_w G_s}{\rho_{dmin}} - 1$$

式中　ρ_w——水的密度，g/cm^3；

　　　G_s——土粒比重。

3）最大干密度的计算：

$$\rho_{dmax} = \frac{m_d}{V_{min}}$$

式中　V_{min}——试样最小体积，cm^3。

4）最小孔隙比的计算：

$$e_{min} = \frac{\rho_w G_s}{\rho_{dmax}} - 1$$

5）相对密度的计算：

$$D_r = \frac{e_{max} - e_0}{e_{max} - e_{min}} \ 或 \ D_r = \frac{\rho_{dmax}(\rho_d - \rho_{dmin})}{\rho_d(\rho_{dmax} - \rho_{min})}$$

式中　D_r——相对密度；

　　　e_0——天然孔隙比；

　　　ρ_d——天然干密度（或填土的相应干密度），g/cm^3。

（2）试验记录（表4-9-1）。

表4-9-1　　　　　　　　　　　　相对密度试验记录表

工程名称＿＿＿＿＿　　　　土样说明＿＿砂＿＿　　　　试验者＿＿＿＿＿

土样编号＿＿40＿＿　　　　试验日期＿＿＿＿＿　　　　校核者＿＿＿＿＿

试 验 项 目			最 大 孔 隙 比		最 小 孔 隙 比	
试 验 方 法			漏斗法		振打法	
试样质重/g	(1)		1000	1000	1715	1710
试样体积/cm^3	(2)		700	710	1000	1000
干密度/(g/cm^3)	(3)	(1)÷(2)	1.43	1.41	1.72	1.71
平均干密度/(g/cm^3)	(4)		1.42		1.715	
比重 G_s	(5)		2.65		2.65	
孔隙比 e	(6)		0.866		0.545	
天然孔隙比 e_0	(7)		0.689			
相对密度 D_r	(8)		0.551			

6.控制标准与评价

（1）实践技能考核评分细则如下：砂的相对密实度试验（100分）。

1）取土样，碾散、拌匀（20分）。取土样项目划分及分值分配见表4-9-2。

表 4-9-2 取土样项目划分及分值分配表

序 号	项 目 划 分	分值/分
1	取烘干（风干）试样 1.5kg（4kg）	10
2	碾散、拌匀	10
总分		20

2）称取土样、装土样方法正确、准确（40分）。装土样项目划分及分值分配见表 4-9-3。

表 4-9-3 装土样项目划分及分值分配表

序 号		项 目 划 分	分值/分
1	最大孔隙比试验	放入锥形塞杆，堵住漏斗管口	4
2		称取土样缓缓均匀分布地落入量筒	4
3		砂面拂平	4
4		用手掌或橡皮板堵住量筒口，量筒来回倒转	4
5		读砂样体积的最大值	4
6	最小孔隙比试验	取试样分 3 次倒入容器	6
7		振动叉敲打容器两侧	5
		击锤敲打试样表面	5
		称容器内土样质量，记录试样体积	4
总分			40

3）熟练应用公式计算最大、最小干密度，最小、最大孔隙比，土的相对密实度（30分）。装土样项目划分及分值分配见表 4-9-4。

表 4-9-4 装土样项目划分及分值分配表

序 号	项目划分	分值/分	序 号	项目划分	分值/分
1	$\rho_{d\min}$	5	4	$e_{\min}$	5
2	$\rho_{d\max}$	5	5	D_r	5
3	$e_{\max}$	5	总分		30

4）准确判别土的密实度（10分）。

（2）学生针对要求对自己实训做出正确的自我评价。写出改进的措施：＿＿＿＿＿

＿＿＿＿＿＿＿＿＿＿＿＿＿＿＿＿＿＿＿＿＿＿＿＿＿＿＿＿＿＿＿＿＿＿＿＿＿。

（3）指导教师要对每位学生的实训过程进行及时评价。

评价内容 ＼ 评价标准	很 好	好	一 般
知识技能	教师签名：	教师签名：	教师签名：
试验态度	教师签名：	教师签名：	教师签名：

项目十　三轴压缩试验（固结不排水）

1. 任务的目的

（1）了解不同排水条件下的三轴试验原理和适用条件；了解固结不排水试验原理。

（2）采用3～4个圆柱试样进行剪切至破坏，根据摩尔-库伦理论，求得抗剪强度参数，为堤坝填方、路堑、岸坡，挡土墙等稳定验算和建筑物地基承载力确定提供依据。

2. 仪器设备

（1）三轴仪：包括轴向加压系统、压力室、周围压力系统、孔隙压力测量系统和试样变形量测系统等。

（2）附属设备：击样器、饱和器、切土盘、切土器和切土架、分样器、承膜筒等。

（3）天平、量表、橡皮膜等。

3. 操作步骤

（1）切取土样：先用钢丝锯或切土刀切取一稍大于规定尺寸的土柱，放在切土架上，用钢丝锯或切土刀紧靠侧板，由上往下细心切削，边切削边转动圆盘，按规定的高度将两端削平、称量；并取余土测定试样的含水率。

（2）试样饱和：试样有抽气饱和、水头饱和及反压力饱和三种方法，最常用的是抽气饱和。即将试样装入饱和器内，放入真空缸内，与抽气机接通，开动抽气机，连续真空抽气2～4h，然后停止抽气，静止12h左右即可。

（3）试样安装：将压力室底座的透水石与管路系统以及孔隙水测定装置充水并放上一张滤纸，然后再将套上乳胶膜的试样放在压力室的底座上，最后装上压力筒，并拧紧密封螺帽，同时使传压活塞与土样帽接触。

（4）施加周围压力：分别按100kPa、200kPa、300kPa、400kPa施加周围压力。

（5）测孔隙水压力：在不排水条件下测定试样的孔隙水压力。

（6）调整测力计：移动量测轴向变形的位移计和轴向压力测力计的初始"零点"读数。

（7）施加轴向压力：启动电动机，合上离合器，开始剪切。剪切应变速率取每分钟0.5%～1.0%，当试样每产生轴向应变为0.3%～0.4%时，测记一次测力计、孔隙水压力和轴向变形读数，直至轴向应变为20%时为止。

（8）试验结束：停机并卸除周围压力，然后拆除试样，描述试样破坏时形状。

4. 试验注意事项

（1）试验前，透水石要煮过沸腾把气泡排出，橡皮膜要检查是否有漏洞。

（2）试验时，压力室内充满纯水，没有气泡。

5. 表格的填写与计算

（1）计算公式。

1）试样面积剪切时校正值：

$$A_a = \frac{A_0}{1 - 0.01\varepsilon_1}$$

式中　ε_1——轴向应变，％，（不固结不排水试验 $\varepsilon_1 = \Delta h_i / h_0$；固结不排水和固结排水试验 $\varepsilon_1 = \Delta h_i / h_c$）。

2）固结后试样高度：

$$h_c = h_0 - \Delta h_c$$

3）主应力差的计算：

$$\sigma_1 - \sigma_3 = \frac{CR}{A_a} \times 10$$

式中　σ_1——大主应力，kPa；

　　　σ_3——小主应力，kPa；

　　　C——测力计率定系数（N/0.01mm 或 N/mV）；

　　　R——测力计读数（0.01mm 或 mV）；

　　　A_a——试样剪切时的校正面积，cm^2；

　　　10——单位换算系数。

4）孔隙水压力 u：

$$B = \frac{u}{\sigma_3}$$

$$A_f = \frac{u_i}{B(\sigma_1 - \sigma_3)}$$

式中　B——初始孔隙水压力系数；

　　　u——施加周围压力后产生的孔隙水压力，kPa；

　　　A_f——破坏时的孔隙水压力系数；

　　　u_i——试样破坏时，主应力差产生的孔隙水压力，kPa。

5）有效大主应力 σ'_1 小主应力 σ'_2 计算：

$$\sigma'_1 = \sigma_1 - u$$
$$\sigma'_3 = \sigma'_3 - u$$

（2）三轴压缩试验记录表（表4-10-1）。

表 4-10-1　　　　　　　　　　三轴压缩试验记录表

工程名称 _____　　　土样高度 __8cm__　　　　试验者 _____
土样编号 __32号__　　　　土样面积 __12cm²__　　　计算者 _____
土样说明 __粉质黏土__　　剪切速率0.368mm/min　　校核者 _____
试验方法固结不排水　　　测力计率定系数7.494N/0.01mm　试验日期 _____

周围压力 σ	固结下沉量 Δh_c	固结后面积 A_c	固结后试样高度 h_c	轴向变形读数 Δh	轴向应变 ε_1	试样校正后面积 A_a	测力计量表读数 R	主应力差 $\sigma_1 - \sigma_3$	大主应力 σ_1	孔隙水压力 u	有效大主应力 σ'_1	有效小主应力 σ'_3	有效主应力比 σ'_1/σ'_3
kPa	cm	cm²	cm	cm	％	cm²	0.01mm	kPa	kPa	kPa	kPa	kPa	
100	0.10	11.72	7.9	0.3	3.80	12.47	19.8	118.99	218.99	28	190.99	72	2.65
200	0.10	11.56	7.9	0.6	7.59	12.99	33.0	190.38	390.38	90	300.38	110	2.73
300	0.11	11.48	7.89	0.7	8.87	13.12	43.2	246.75	546.75	173	373.75	127	2.94
400	0.12	11.36	7.88	0.8	10.15	13.36	62.4	350.02	750.02	230	520.02	170	3.06

（3）绘制应力圆及强度包线，确定 c、φ。固结不排水剪强度包线如图 4-10-1 所示。确定 c 为抗剪强度线在纵坐标的截距，φ 取强度包线与横坐标轴夹角。

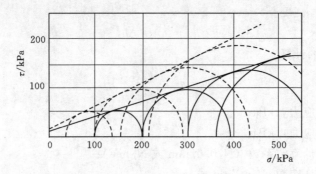

图 4-10-1　固结不排水剪强度包线

6. 控制标准与评价

（1）实践技能考核评分细则如下：三轴压缩试验（100 分）。

1）扰动土试样制备（击实法）（30 分）。试样制备项目划分及分值分配见表 4-10-2。

表 4-10-2　　　　　　　　　试样制备项目划分及分值分配表

序　号	项　目　划　分	分值/分
1	取代表性土样风干、碾碎、过筛	5
2	测风干含水率	5
3	按要求含水率算出所需加水量	5
4	喷水拌匀土样，密闭容器内 20h	5
5	击样筒内击实土样	5
6	测击实土样密度	5
	总分	30

2）试样饱和（20 分）。

3）试样安装和固结加载至剪切破坏（30 分）。

4）能熟练读数绘制强度包线，确定 c、φ 指标（20 分）。

（2）学生针对要求对自己实训做出正确的自我评价。写出改进的措施：_____

_____。

（3）指导教师要对每位学生的实训过程进行及时评价。

评价内容＼评价标准	很　好	好	一　般
知识技能	教师签名：	教师签名：	教师签名：
试验态度	教师签名：	教师签名：	教师签名：

项目十一　原位密度试验（灌砂法）

1. 任务的目的

（1）测定现场土层密度，为计算干密度和压实度提供依据。

（2）完成试验报告。

2. 仪器设备

（1）灌砂筒：内径为 100mm，总高 360mm。灌砂筒分上下两部分：上部为储砂筒，筒深 270mm（容积约 2120cm³），筒底中心有一个直径为 10mm 的圆孔；下部装一倒置的圆锥形漏斗。在储砂筒筒底与漏斗顶端铁板之间设有开关。

（2）标定罐：内径 100mm，高 150mm 和 200mm 的金属罐各一个，上端周围有一罐缘。（若试坑是 150mm 或 200 mm 时，标定罐的深度应与拟挖试坑深度相同。）

（3）基板：一个边长 350mm，深 40mm 的金属方盘，盘中心有一直径为 100mm 的圆孔。

（4）打洞及取土的合适工具：如凿子、铁锤、长把勺、毛刷等等。

（5）玻璃板：边长 500mm 的方形板。

（6）饭盒若干或比较结实的塑料袋。

（7）台秤：称量 10～15kg，感量 5g。

（8）其他：铝盒、天平、烘箱等等。

3. 操作步骤

（1）试验仪器标定。

1）标定灌砂筒下部圆锥体内砂的质量、圆锥体内砂质量平均值。

2）标定量砂的密度 ρ_s。

（2）现场操作步骤。

1）在试验地点，选一块约 40cm×40cm 的平坦表面，并将其清扫干净。将基板放在此平坦表面上。若表面的粗糙度较大，则将盛有量砂 m_7 的灌砂筒放在基板中间的圆孔上。打开灌砂筒开关，让量砂流入基板的中孔内，直到灌砂筒内的砂不再下流时关闭开关。取下灌砂筒，并称筒内砂的质量 m_8，准确至 1g。

2）取走基板，将留在试验地点的量砂收回，重新将表面清扫干净。将基板放在清扫干净的表面上，沿基板中孔凿洞，洞的直径为 100mm。试洞的深度应等于碾压层的厚度。凿出的试样全部放进已知质量的塑料袋内，避免丢失，凿洞毕，称取全部试样质量 m_t，准确至 1g。

3）从挖出的全部试样中取代表性的样品，放入铝盒中，测定其含水率 w（在施工现场可采用酒精燃烧法快速检测）。取样数量：对于细粒土，不少于 15g；对于粗粒土，不少于 50g。

4）将基板安放在试洞上（如表面平坦，粗糙度不大，则不需放基板），将灌砂筒（储砂筒内放满砂至恒量质量 m_1）安放在基板中间，使灌砂筒的下口对准基板中间及试洞。打开灌砂筒开关，让量砂流入试洞内，关闭开关，小心取走灌砂筒，称取灌砂筒内剩余砂的质量 m_9，准确至 1g。

5）如清扫干净的平坦表面上粗糙度不大，则无须放基板，将灌砂筒直接放在已挖好的试洞上。打开筒的开关，让砂流入试洞内。在此期间，应注意勿碰动灌砂筒。直到储砂筒内的砂不再向下流时，关闭开关。仔细取走灌砂筒，称量灌砂筒和筒内剩余砂的质量 m_9'，准确至 1g。

6）取出试洞内的量砂，以备下次试验时再用。若量砂的湿度已发生变化或量砂中混有杂质，则应重新烘干，过筛，并放置一段时间，使其与空气的湿度达到平衡后再用。

7）当试洞中有较大孔隙，量砂可能进入孔隙时，应按试洞外形，松弛地放入一层柔软的纱布。然后再进行灌砂工作。

4. 试验注意事项

（1）在标定锥砂质量、量砂密度或进行试验时，灌砂筒内的量砂均避免振动、摇晃等。

（2）在进行标定罐容积标定时，罐外的水一定要擦干。

（3）试验时，在凿洞过程中，应注意不使凿出的试样丢失，并随时将凿松的试样取出，放在已知质量的密封容器内，防止水分丢失。

（4）若量砂的湿度已发生变化或量砂中混有杂质，则应将量砂重新烘干、过筛，并放置一段时间，使其与空气的湿度达到平衡后再用。

（5）本试验应进行两次平行测定，两次测定的差值不得大于 0.03g/cm³，否则应重做试验。取两次测值的平均值。

5. 表格的填写与计算

（1）计算公式。

1）计算填满试洞所需砂的质量 m_b：

放有基板时： $$m_b = m_1 - m_9 - (m_7 - m_8)$$

不放基板时： $$m_b = m_1 - m_9' - m_3$$

式中　m_b——砂的质量，g；

　　　m_1——灌砂入试洞前筒和砂的总质量，g；

　　　m_3——灌砂筒下部圆锥体内砂的平均质量，g；

$m_7 - m_8$——灌砂筒下部圆锥体内及基板和粗糙表面间砂的总质量，g；

m_9，m_9'——灌砂筒和筒内剩余砂的质量，g；

2）计算测试点的土的湿密度 ρ：

$$\rho = \frac{m_t}{m_b} \rho_s$$

式中　ρ——土的湿密度，精确至 0.01g/cm³；

　　　m_t——试洞中取出的全部土样的质量，g；

　　　m_b——填满试洞所需砂的质量，g；

　　　ρ_s——量砂的密度，g/cm。

3）计算土的干密度 ρ_d：

$$\rho_d = \frac{\rho}{1+\omega}$$

（2）灌砂法试验记录表（表4-11-1）。

表4-11-1　　　　　　　　　灌砂法密度试验记录表

工程名称＿＿＿＿＿＿　　　　砂的密度　1.28g/cm³　　　　试验者＿＿＿＿＿＿

土样编号＿＿＿＿＿＿　　　　试验日期＿＿＿＿＿＿　　　　计算者＿＿＿＿＿＿

取样位置	试洞中湿土样质量 m_t /g	灌满试洞后剩余砂质量 m_9 或 m_9' /g	试洞内砂质量 m_b /g	湿密度 ρ /(g/cm³)	含水率测定							干密度 ρ_d /(g/cm³)
					盒号	盒＋湿土质量 /g	盒＋干土质量 /g	盒质量 /g	干土质量 /g	水质量 /g	含水率 /%	
	4031		2233.6	2.31	5B	1211	1108.4	195.4	913	102.6	11.2	2.08
	2900		1613.9	2.30	3A	1125	1040	195.5	844.5	85	10.1	2.09

6. 控制标准与评价

（1）实践技能考核评分细则如下：灌砂法密度试验（100分）。

1）试验仪器标定（40分）。

2）现场操作定位、试洞挖土（20分）。

3）称量土样、烘干测含水率（20分）。

4）记录数据，成果整理（20分）。

（2）学生针对要求对自己试验做出正确的自我评价。写出改进的措施：＿＿＿＿＿＿＿

＿＿。

（3）指导教师要对每位学生的试验过程进行及时评价。

评价内容＼评价标准	很　好	好	一　般
知识技能	教师签名：	教师签名：	教师签名：
试验态度	教师签名：	教师签名：	教师签名：

项目十二　土粒比重试验（比重瓶法）

1. 任务目的

（1）测定土粒比重，为计算孔隙比和评价土类别提供依据。

（2）完成试验报告。

2. 仪器设备

（1）比重瓶，容量 100mL（50mL）。

（2）天平，感量 0.001g；烘箱。

（3）恒温水槽；电砂浴；温度计；孔径 5mm 的筛。

（4）其他：匙、漏斗、滴管、洗瓶刷、蒸馏水，中性液体（煤油）等。

3. 操作步骤

（1）天平和温度计等计量仪器按相应的检定规程进行检定。

（2）试验步骤。

1）先将洗净、烘干的比重瓶称其质量 m_1，准确至 0.001g。

2）将过 5mm 筛并烘干后的土，取不低于 15g 装入比重瓶内，称试样和瓶的总质量 m_2，计算称量的干土质量 $m_d = m_2 - m_1$，准确至 0.001g。

3）将纯水注入已装有干土的比重瓶中至一半处，摇动比重瓶，将瓶放在电砂浴上煮沸，煮沸时间自悬液沸腾时算起，砂及低液限黏土应不少于 30min，高液限黏土应不少于 1h，使土粒分散。煮沸时应注意不使土液溢出瓶外。

4）将蒸馏水注入已煮好比重瓶至近满，待瓶内温度稳定及悬液上部澄清后，再加满蒸馏水，塞好瓶塞，使多余的水份自瓶塞毛细管中溢出。将瓶外水份擦干净，称瓶、水、土的总质量 m_{bks}，准确至 0.001g，称后马上测瓶内温度。

5）把瓶内悬液倒掉，把瓶洗干净，再注满蒸馏水，把瓶塞插上，使多余的水份自瓶塞毛细管中溢出，将瓶外水份擦干净，称比重瓶、水的总质量 m_{bk}，准确至 0.001g。（或者根据测得的温度，从已绘制的比重瓶校正曲线中查得瓶、水总质量 m_{bk}）

4. 试验注意事项

（1）本试验须进行两次平行测定，其平行差值不大于 0.02，然后取其算术平均值，以两位小数表示。

（2）比重瓶、土样一定要完全烘干。

（3）煮沸排气时，防止悬液溅出。

（4）称量时比重瓶外的水份必须擦干净。

（5）一般土粒的相对密度用纯水测定，对含有可溶盐、亲水性胶体或有机质的土，需用中性液体（如煤油）测定。

5. 表格的填写与计算

（1）计算公式。

$$G_S = \frac{m_d}{m_{bw} + m_d - m_{bws}} G_{ut}$$

式中 G_S——土粒比重；

G_{ut}—— t℃时蒸馏水的比重（可查相应的物理手册）；

m_d——干土质量，g；

m_{bws}——瓶加水加干土的质量，g；

m_{bw}——瓶加水总质量，g。

（2）土粒比重试验记录表（表 4-12-1）。

表 4-12-1　　　　　　　　　土粒比重试验记录表（比重瓶法）

工程名称_____　　　土样编号_____　　　试验方法_____

试验日期_____　　　试验者_____　　　计算者_____

试样编号	比重瓶号	温度/℃	液体比重	比重瓶质量/g	瓶、干土总质量/g	干土质量/g	瓶、液体总质量/g	瓶、液、土的总质量/g	与干土相同体积的液体质量/g	比重	平均比重值
			(1)	(2)	(3)	(4)	(5)	(6)	(7)	(8)	(9)
						(4)-(3)				(5)+(6)-(7)	(2)×(5)/(8)
	1	15.2	0.999	34.886	49.831	14.945	134.714	144.225	5.434	2.746	2.74
	2	15.2	0.999	34.287	49.227	14.940	134.696	144.191	5.445	2.741	

6. 控制标准与评价

（1）实践技能考核评分细则如下：土粒比重试验（100 分）。

1）烘干、称量比重瓶（20 分）。

2）制备小于 5mm 土样（20 分）。

3）烘干、称量土样（20 分）。

4）煮沸、冷却（10 分）。

5）记录数据，成果整理（30 分）。

（2）学生针对要求对自己试验做出正确的自我评价。写出改进的措施：_____

_____。

（3）指导教师要对每位学生的试验过程进行及时评价。

评价内容 ＼ 评价标准	很　好	好	一　般
知识技能	教师签名：	教师签名：	教师签名：
试验态度	教师签名：	教师签名：	教师签名：

参 考 文 献

[1]　赵明华. 土力学与基础工程 [M]. 4 版. 武汉：武汉理工大学出版社，2014.

[2]　王旭鹏. 土力学与地基基础 [M]. 北京：中国建筑工业出版社，2014.

[3]　陈希哲，叶菁. 土力学与地基基础 [M]. 5 版. 北京：清华大学出版社，2013.

[4]　GB 50007—2011　建筑地基基础设计规范 [S].

[5]　GB/T 50123—2019　土工试验方法标准 [S].

[6]　JTG 3430—2020　公路土工试验规程 [S].

[7]　GB/T 50145—2007　土的工程分类标准 [S].